『计算机实用技能丛书』

U0170565

新手学电脑

从入门到精通

云飞◎编著

中国商业出版社

图书在版编目（CIP）数据

新手学电脑从入门到精通 / 云飞编著. -- 北京：
中国商业出版社，2021.4
　（计算机实用技能丛书）
　ISBN 978-7-5208-1525-3

　Ⅰ．①新… Ⅱ．①云… Ⅲ．①电子计算机－基本知识
Ⅳ．①TP3

　中国版本图书馆CIP数据核字(2020)第259541号

责任编辑：管明林

中国商业出版社出版发行

010-63180647　　www.c-cbook.com

（100053　北京广安门内报国寺1号）

新华书店经销

三河市冀华印务有限公司印刷

＊

710毫米×1000毫米　16开　12印张　240千字

2021年4月第1版　2021年4月第1次印刷

定价：49.80元

＊＊＊＊

（如有印装质量问题可更换）

前 | 言

　　如果您从未接触过电脑，对电脑操作和使用"一点都不懂"；

　　如果您是一名"电脑盲"，第一次学电脑；

　　如果您曾经学过电脑，但因为没有学会而放弃；

　　如果您认为自己没有基础、不懂英文、不懂专业术语，对自己没有信心；

　　如果您是中老年人，眼神不好，记忆力比较差；

　　如果您身处职场，因为效率低下而经常熬夜加班；

　　……

　　这些，都不是问题。学电脑不是难事，关键是需要一本适合自己阅读的图书。在弄清了"做什么""怎么做"这两个问题以后，再一步步地认真学习，上手入门就很容易。本书是您快速学习电脑的好帮手！

本书特色

　　1. 从零开始，循序渐进

　　本书采取由浅入深、循序渐进、通俗易懂的讲解方式，帮助初学者快速掌握电脑的各种操作技能。

　　2. 内容全面

　　本书内容基本涵盖了电脑的各种知识和操作技能：电脑的入门知识；Windows 的基本操作；Windows 的个性化设置；使用拼音输入法和五笔输入法打字；电脑文件和文件夹的操作管理；使用电脑上网冲浪、网上生活查询；电脑的优化、维护及常见故障分析与排除等。

　　3. 理论为辅，实操为主

　　本书注重基础知识与实例紧密结合，偏重实际操作能力的培养，以便帮助读者加深对基础知识的领悟，并快速获得使用电脑进行各种操作的技能和技巧。

4. 通俗易懂，图文并茂

本书文字讲解与图片说明一一对应，以图析文，将所讲解的知识点清楚地反映在对应的图片上，一看就懂，一学就会。

本书内容

本书科学合理地为初学电脑操作的读者安排了各个章节的内容，结构如下：

第 1 章：讲解电脑的分类、软硬件组成、开关电脑的方法、鼠标与键盘的使用。

第 2 章：讲解 Windows 的桌面、"开始"菜单、窗口等知识点和操作技能。

第 3 章：讲解如何设置显示属性、更改系统主音量，"开始"菜单和任务栏的个性化设置，方便快捷地进行用户管理、调整电脑时间和日期等。

第 4 章：重点讲解使用拼音输入法和五笔输入法打字的重要知识点与常用功能，并给出相应实例以帮助读者快速掌握打字技能。

第 5 章：讲解如何管理电脑中的各种文件和文件夹。

第 6 章：讲解如何通过电脑进行上网的各种操作。

第 7 章：讲解如何优化、维护电脑，电脑出了故障如何应对及常见电脑故障分析与排除。

读者对象

本书定位于电脑初学者从头学起，包括对电脑一窍不通的新手、对电脑操作技能的提高有迫切需求的求职者、不同年龄段的办公人员、退休人员……学习本书不需要任何电脑基础，一看就懂、一学就会。学会使用电脑，就是这么简单！

致谢

本书由北京九洲京典文化总策划，云飞等编著。在此向所有参与本书编创工作的人员表示由衷的感谢，更要感谢购买本书的读者，您的支持是我们最大的动力，我们将不断努力，为您奉献更多更优秀的作品！

云飞

目　录

第4章 轻松学打字

第 7 章　电脑优化、维护与故障排除

第 1 章

第一次亲密接触电脑

本章导读

　　本章主要讲解电脑的基本知识，让大家对电脑的分类、电脑的软硬件组成有一全面认识，并掌握开关电脑、使用鼠标和键盘的操作方法。

1.1 认识电脑

电脑，可是一个神奇的家伙！它的本领可大啦！在现代社会中，它无处不在，并正在改变着人们的生活和工作方式。

电脑是由硬件和软件两个部分组成的。

1.1.1 电脑的分类

电脑（Computer，又称计算机）是一种用于高速计算的电子计算机器，称为"20世纪最先进的科学技术发明之一"。

计算机的主要分类，包括超级计算机、网络计算机、工业控制计算机和个人电脑。

1. 超级计算机

超级计算机（Supercomputers，如图1-1所示）通常是指由数百数千甚至更多的处理器（机）组成的、能计算普通PC机和服务器不能完成的大型复杂课题的计算机。超级计算机是计算机中功能最强、运算速度最快、存储容量最大的一类计算机，是国家科技发展水平和综合国力的重要标志。超级计算机拥有最强的并行计算能力，主要用于科学计算。在气象、军事、能源、航天、探矿等领域承担大规模、高速度的计算任务。在结构上，虽然超级计算机和服务器都可能是多处理

图1-1

器系统，二者并无实质区别，但是现代超级计算机较多采用集群系统，更注重浮点运算的性能，可看作是一种专注于科学计算的高性能服务器，而且价格非常昂贵。

2. 网络计算机

（1）服务器。

网络服务器，专指某些高性能计算机，能通过网络对外提供服务。图1-2所示为数据库机房服务器照片。

相对于普通电脑来说，它在稳定性、安全性等方面都要求更高，因此其CPU、芯片组、内存、磁盘系统、网络等硬件和普通电脑有所不同。服务器是网络的节点，存储、处理网络上80%的数据、信息，在网络中起到举足轻重的作用。它们是为客户端计算机提供各种服务

图1-2

的高性能的计算机，其高性能主要表现在高速度的运算能力、长时间的可靠运行、强大的外部数据吞吐能力等方面。服务器的构成与普通电脑类似，也有处理器、硬盘、内存、

系统总线等，但它是针对具体的网络应用特别制定的，因而服务器与微机在处理能力、稳定性、可靠性、安全性、可扩展性、可管理性等方面差异很大。服务器主要有网络服务器（DNS、DHCP）、打印服务器、终端服务器、磁盘服务器、邮件服务器、文件服务器等。

（2）工作站。

工作站是一种以个人计算机和分布式网络计算为基础，主要面向专业应用领域，具备强大的数据运算与图形、图像处理能力，为满足工程设计、动画制作、科学研究、软件开发、金融管理、信息服务、模拟仿真等专业领域而设计开发的高性能计算机。工作站最突出的特点是具有很强的图形交换能力，因此在图形图像领域特别是计算机辅助设计领域得到了迅速应用。典型产品有美国 Sun 公司的 Sun 系列工作站。图 1-3 为惠普全新 Z 系列工作站。

图 1-3

（3）集线器。

集线器（HUB，如图 1-4 所示）是一种共享介质的网络设备，它的作用可以简单地理解为将一些机器连接起来组成一个局域网，HUB 本身不能识别目的地址。集线器上的所有端口争用一个共享信道的宽带，因此随着网络节点数量的增加，数据传输量的增大，每个节点的可用带宽将减少。另外，集线器采用广播的形式传输数据，即向所有端口传送数据。如当同一局域网内的 A 主机给 B 主机传输数据时，数据包在以

图 1-4

HUB 为架构的网络上是以广播方式传输的，对网络上所有节点同时发送同一信息，然后再由每一台终端通过验证数据包的地址信息来确定是否接收。其实接收数据的一般来说只有一个终端节点，而对所有节点都发送，在这种方式下，一方面很容易造成网络堵塞，而且绝大部分数据流量是无效的，这样就造成整个网络数据传输效率相当低；另一方面由于所发送的数据包每个节点都能侦听到，容易给网络带来一些安全隐患。

（4）交换机。

交换机（Switch，如图 1-5 所示）是按照通信两端传输信息的需要，用人工或设备自动完成的方法把要传输的信息送到符合要求的相应路由上的技术统称。广义的交换机就是一种在通信系统中完成信息交换功能的设备，它是集线器的升级换代产品，外观上与

集线器非常相似，其作用与集线器大体相同。但是两者在性能上有区别：集线器采用的是共享带宽的工作方式；而交换机采用的是独享带宽方式，即交换机上的所有端口均有独享的信道带宽，以保证每个端口上数据的快速有效传输。交换机为用户提供的是独占的、点对点的连接，数据包只被发送到目的端口，而不会向所有端口发送，其他节点很难侦听到所发送的信息，

图 1-5

这样在机器很多或数据量很大时，不容易造成网络堵塞，也确保了数据传输安全，同时提高了传输效率，两者的差别就比较明显了。

（5）路由器。

路由器（Router，如图 1-6 所示）是一种负责寻径的网络设备，它在互联网络中从多条路径中寻找通信量最少的一条网络路径提供给用户通信。路由器用于连接多个逻辑上分开的网络，为用户提供最佳的通信路径。路由器利用路由表为数据传输选择路径，路由表包含网络地址以及各地址之间距离的清

图 1-6

单，路由器利用路由表查找数据包从当前位置到目的地址的正确路径，并使用最少时间算法或最优路径算法来调整信息传递的路径。路由器是产生于交换机之后，就像交换机产生于集线器之后，所以路由器与交换机也有一定联系，并不是完全独立的两种设备。路由器主要克服了交换机不能向路由转发数据包的不足。

交换机、路由器是特殊的网络计算机，它的硬件基础是 CPU、存储器和接口，软件基础是网络互联操作系统 IOS。交换机、路由器和 PC 机一样，有中央处理单元 CPU，而且不同的交换机、路由器，其 CPU 一般也不相同，CPU 是交换机、路由器的处理中心。

3. 工业控制计算机

工业控制计算机（图 1-7）是一种采用总线结构，对生产过程及其机电设备、工艺装备进行检测与控制的计算机系统总称，简称工控。它由计算机和过程输入 / 输出（I/O）设备这两大部分组成。计算机是由主机、输入输出设备和外部磁盘机、磁带机等组成。在计算机的外部又增加一部分过程输入 /输出通道，用来完成将工业生产过程的检测数据送入计算机进行处理；另一方面将计算机要行使对生

图 1-7

产过程控制的命令、信息转换成工业控制对象的控制变量的信号，再送往工业控制对象的控制器去。由控制器行使对生产设备运行控制。

4. 个人电脑

（1）台式机。

常见的台式机也叫作桌面机（Desktop，如图 1-8 所示），是一种独立相分离的计算机，跟其他部件完全无联系，相对于笔记本电脑和上网本体积较大，主机、显示器等设备一

般都是相对独立的，一般需要放置在电脑桌或者专门的工作台上。因此命名为台式机。台式机为非常流行的微型计算机，多数人家里和公司用的机器都是台式机。台式机的性能相较笔记本电脑要强。

（2）电脑一体机。

电脑一体机（图1-9）是由一台显示器、一个电脑键盘和一个鼠标组成的电脑。它的芯片、主板与显示器集成在一起，显示器就是一台电脑，因此只要将键盘和鼠标连接到显示器上，机器就能使用。随着无线技术的发展，电脑一体机的键盘、鼠标与显示器可实现无线连接，机器只有一根电源线。这就解决了一直为人诟病的台式机线缆多而杂的问题。有的电脑一体机还具有电视接收、AV功能，也整合专用软件，可用于特定行业专用机。

图 1-8

（3）笔记本电脑。

笔记本电脑（Notebook或Laptop，如图1-10所示）也称为手提电脑或膝上型电脑，是一种小型、可携带的个人电脑，通常重1~3公斤。笔记本电脑除了键盘外，还提供了触控板（TouchPad）或触控点（Pointing Stick），提供了更好的定位和输入功能。

图 1-9

（4）掌上电脑。

掌上电脑（PDA，如图1-11所示）是一种运行在嵌入式操作系统和内嵌式应用软件之上的小巧、轻便、易带、实用、价廉的手持式计算设备。它无论在体积、功能和硬件配备方面都比笔记本电脑简单轻便。掌上电脑除了用来管理个人信息（如通信录、计划等）、上网浏览页面、收发E-mail，还具有录音功能、英汉汉英词典功能、全球时钟对照功能、提醒功能、休闲娱乐功能、传真管理功能，甚至还可以当作手机来用。掌上电脑的电源通常采用普通的碱性电池或可充电锂电池。掌上电脑的核心技术是嵌入式操作系统，各种产品之间的竞争也主要在此。

图 1-10

在掌上电脑基础上加上手机功能，就成了智能手机（Smartphone）。智能手机除了具备手机的通话功能外，还具备了掌上电脑的部分功能，特别是个人信息管理以及基于无线数据通信的浏览器和电子邮件功能。智能手机为用户提供了足够的屏幕尺寸和带宽，既方便随身携带，又为软件运行和内容服务提供了广阔的舞台，很多增值业务可以就此展开，

图 1-11

如股票、新闻、天气、交通、商品、应用程序下载、音乐图片下载等。

（5）平板电脑。

平板电脑（图 1-12）是一款无须翻盖、没有键盘、大小不等、形状各异、却功能完整的电脑。其构成组件与笔记本电脑基本相同，但它是利用触笔在屏幕上书写，而不是使用键盘和鼠标输入，并且打破了笔记本电脑键盘与屏幕垂直的 J 形设计模式。它除了拥有笔记本电脑的所有功能外，还支持手写输入或语音输入，移动性和便携性更胜一筹。平板电脑由比尔·盖茨提出，至少应该是 X86 架构。

图 1-12

（6）嵌入式系统。

嵌入式系统（Embedded Systems）是一种以应用为中心，以微处理器为基础，软硬件可裁剪的，适应应用系统对功能、可靠性、成本、体积、功耗等综合性严格要求的专用计算机系统。它一般由嵌入式微处理器、外围硬件设备、嵌入式操作系统以及用户的应用程序等四部分组成。它是计算机市场中增长最快的领域，也是种类繁多，形态多种多样的计算机系统。嵌入式系统几乎包括了生活中的所有电器设备，如掌上 PDA、计算器、电视机顶盒、手机、数字电视、多媒体播放器、汽车、微波炉、数字相机、家庭自动化系统、电梯、空调、安全系统、自动售货机、蜂窝式电话、消费电子设备、工业自动化仪表与医疗仪器等。

1.1.2 电脑的硬件组成

从外观上看，一台电脑由机箱、显示器、键盘、鼠标器和音箱等部件所组成。

从功能上看，电脑的硬件主要包括中央处理器、存储器、输入设备、输出设备等。

1. 中央处理器

中央处理器即 CPU，它是电脑的"心脏"，它安装在电脑机箱内。电脑中的一切工作都通过 CPU 来进行处理，CPU 能进行复杂的运算，控制各个设备协调一致地工作。

CPU 的外观参见图 1-13。

图 1-13

CPU 都带有一个风扇，用于为高速运转的 CPU 快速散热，以保证 CPU 的正常工作。CPU 风扇的外观参见图 1-14。

图 1-14

2. 存储器

存储器分为内存储器和外存储器两种。

（1）内存储器就是随机存储器，通常分成两大类产品：静态随机存储器和动态随机存储器。我们通常提到的内存就是后一种。内存在电脑中的作用是举足轻重的，是电脑使用过程中的临时存储区，它能暂时存储程序运行时需要使用的数据或信息等。

内存的外观见图 1-15。

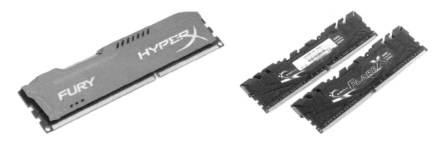

图 1-15

（2）外存储器包括硬盘、U 盘、光盘等外部存储介质。

硬盘的外观见图 1-16。

图 1-16

3. 输入设备

输入设备是电脑用来接受指令和数据等信息的，常用的输入设备有键盘、鼠标、绘图仪等。

4. 输出设备

输出设备是电脑负责传送处理结果的设备，常用的输出设备有显示器、打印机、音箱等。

打印机的外观见图 1-17。

图 1-17

电脑音箱的外观见图 1-18。

图 1-18

5. 机箱

电脑机箱提供给电源、主机板、各种扩展板卡、软盘驱动器、光盘驱动器、硬盘驱动器等存储设备一个坚实的保护，并通过机箱内部的支撑、支架、各种螺丝或卡子夹子等连接件将这些零配件牢固固定在机箱内部，形成一个整体。电脑机箱还起着屏蔽电磁辐射的作用，并且由于它提供了许多便于使用的面板开关指示灯等，所以能让电脑用户更方便地操纵微机或观察微机的运行情况。

电脑机箱的外观见图 1-19。

图 1-19

6. 显示器

显示器是电脑中最醒目，也是体积最大的外部设备。通过显示器，我们才能用电脑来打字、上网、玩游戏，等等。

显示器的外观见图1-20。

图1-20

7. 键盘

键盘是电脑系统中最基本的输入设备，通过键盘，电脑用户可以对电脑发出各种方式的指令，输入各种数据。

在 Windows 操作系统没有得到广泛使用前，电脑的所有操作指令基本都是由键盘来完成的；在 Windows 操作系统占据主导地位的今天，由于操作方式的变革和鼠标操作不需要记忆任何命令的特点，电脑的许多操作指令基本都是由鼠标来完成的。但在文字的录入领域，虽然已出现了许多的输入方式，如扫描输入、手写输入等，但其输入的速度和准确性都不及键盘，所以键盘输入文字方面的"输入王"地位至今无法撼动。

图1-21

键盘的外观见图1-21。

8. 鼠标

鼠标为我们操作电脑提供了很大的便利，使用鼠标对电脑发出各种各样的指令，远比使用键盘对电脑进行各种操作更为方便、灵活。除了汉字录入之外，对电脑的绝大多数操作都可以借用鼠标来实现。

图1-22

鼠标的外观见图1-22。

1.1.3　电脑软件的构成

电脑软件分为系统软件和应用软件两大类。

（1）系统软件。系统软件是一种管理计算机硬件和为应用软件提供运行环境的软件，如 DOS、Windows、Linux 等都是系统软件。

（2）应用软件。应用软件是为了完成某种特定用途而编制的软件。有了应用软件，才能在计算机上打字、画图、写文章、制作多媒体报告、玩游戏等，如全拼输入法、智能 ABC 输入法、五笔打字输入法、Office、Photoshop、AutoCAD 等都是应用软件。

1.2 学会开关电脑

对电脑有一个初步直观的认识之后，接下来讲解开关电脑的操作知识。

1.2.1 启动电脑

电脑开机的正确顺序如下：

1. 打开总电源

打开电源插座上的开关，就是接通主机与显示器的总电源，如图 1-23 所示。

> **提示：** 如果还连接了音箱、外置 Modem、打印机，要记得先将这些硬件设备的电源打开。

按一下这里，打开总电源

图 1-23

2. 打开显示器

打开电脑显示器，接通显示器电源，如图 1-24 所示。

3. 打开电脑主机

打开显示器后，再开电脑的主机。

4. 登录 Windows

打开电脑主机后，接下来就该登录 Windows 了。

登录 Windows 的操作是这样的：

依次打开显示器电源、主机电源，经过电脑自检后，等待一会儿。

（1）如果没有创建新的用户，也没有设置 Windows 登录密码，那么电脑就会自动进入 Windows 桌面，如图 1-25 所示。

图 1-24

（2）如果创建了多个用户，就会出现类似如图 1-26 所示的登录界面。单击其中的用户名图标，就会登录进入 Windows 桌面。如果设置了密码，请输入密码后按键盘的 Enter 键。

图 1-25　　　　　　　　　　　　图 1-26

到此为止，整个开机过程就算是全部完成了。

1.2.2　关闭电脑

1. 直接关闭电脑

（1）首先把所有打开的、正在使用的程序和 Windows 的窗口全部关闭。

（2）使用鼠标右键单击 Windows 任务栏最左下侧的"开始"按钮▦。

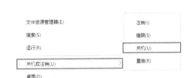

图 1-27

（3）从弹出的菜单中选择"关机或注销"|"关机"，如图 1-27 所示。此时电脑就会关闭 Windows。

（4）关闭显示器电源。按一下显示器上的电源开关按钮，以切断显示器的电源，如图 1-28 所示。

（5）如果还连接了音箱、外置 Modem、打印机，要记得关闭这些硬件设备的电源。

（6）关闭主机电源。按一下电源插座上的电源开关，以切断主机电源，如图 1-29 所示。

图 1-28

2. 清除问题：重启电脑

重启电脑有两种情况，一种是正常情况下的重新启动，这时候使用 Windows 的关机菜单就可以了；另一种是发生死机、死屏非正常情况下的重新启动，此时只有强行重启了。

加油站：所谓"死屏"，就是电脑屏幕上的画面静止不动了，无论是使用键盘或是鼠标对它进行操作，都没有反应，但此时硬盘指示灯仍然闪个不停，按键盘上的指示灯也会有反应。

（1）使用 Windows 的关机菜单重启电脑。

单击 Windows 任务栏最左下侧的"开始"按钮▦，从弹出的菜单中选择"关机或注销"，然后选择"重启"，如图 1-30 所示，电脑就会重新启动。

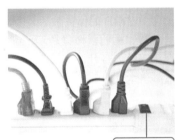

按一下这里，关闭总电源

图 1-29

（2）强行重启。按住电脑机箱前面板上的"Reset"按钮（图1-31），电脑就会自动重新启动。

3. 疑难解答：电脑死机应当如何关机

遇到无法直接采用Windows的关机菜单关闭电脑的时候，或者电脑死机的时候，要关闭电脑，就只能采取非常规的强制性的关机手段了。此时按住机箱上的电源开关按钮不放，直到屏幕上的图像消失为止，这时候就关闭了机箱电源，如图1-32所示。

图1-30

图1-31

按这里的 Reset 按钮重新启动电脑

按这里的电源开关按钮强行关闭机箱电源

图1-32

1.3 鼠标的使用方法

鼠标是一个常用的输入工具，利用鼠标我们可以很方便地进行选取菜单、单击工具栏上的操作图标、移动标尺、改变窗口大小、移动一个窗口等操作，而不需要完成很多的命令或者多个步骤的操作。鼠标控制着屏幕上的一个指针（通常所说的光标），当我们移动鼠标时，指针也会随着移动。在某些操作的情况下需要按下鼠标键来移动鼠标。如果鼠标没有接触到鼠标垫或者一个平面时，则无法使用鼠标。当我们按下鼠标键时，通常会在指针的位置激活某个事件。

最常见的鼠标就是三个键，一般为左键、右键、中间滑轮。单击一下左键为选择，双击左键为打开；右键为属性；中间滑轮可以在打开页面的时候上下拉页面，不需要用左键单击拉动下滑控制。

1.3.1 鼠标的握法

正确把握鼠标的方法是，让食指和中指分别自然地放置在鼠标的左键和右键上，拇指横向放在鼠标左侧，无名指和小指放在鼠标右侧，拇指与无名指及小指轻轻握住鼠标；手掌心贴住鼠标后部，手腕自然垂放在桌面上，工作时带动鼠标做平面运动，如图1-33

所示。

图 1-33

1.3.2   鼠标的基本操作

在 Windows 环境中可以有四种使用鼠标的基本操作。

（1）移动：用手按住鼠标，在平板上可以随意移动它，这时屏幕上的鼠标箭头也会随之移动。

（2）单击：按一次鼠标按键，马上放开，如图 1-34 所示。

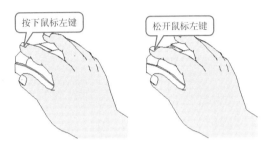

按下鼠标左键

松开鼠标左键

图 1-34

（3）右击：单击右键很简单，和单击左键差不多，只是使用的手指和按的键不同。用搭在鼠标右键上的中指按一下鼠标右键即可。

（4）双击：快速地连续按两下鼠标左键。

> **提示：** 单击是按一下鼠标左键；而双击则是在短时间内快速连续按鼠标左键两下，这个动作一定要快。

（5）拖拽：先把鼠标指针移到目标上，然后按下鼠标左键不放，移动鼠标。随着鼠标指针的移动，目标也跟着移动，当把目标移动到目的地之后，再松开鼠标左键。

> **提示：** 移动鼠标的过程中，一定不要松开鼠标左键。

（6）滚轮操作：对于三键鼠标，前后推动其鼠标中间的滚轮可以快速地上下翻页，滚轮每向前推动一格，页面就会向上翻动一行。

1.4   键盘的使用

以标准键盘为例，整个键盘从上到下有六行，分为五个小区：上面一行是功能键区和状态指示区这两个小区；下面五行从左到右依次为主键盘区、编辑键区和数字小键盘区这三个小区，如图 1-35 所示。

图 1-35

1.4.1 功能键区

功能键区（图 1-36）中位于键盘第一排的 F1 至 F12 这 12 个键称为功能键，这是为了给输入命令和操作提供方便而特意设置的，它们的功能、作用可以根据操作系统或相关应用程序而单独定义。

图 1-36

Windows 操作系统下最常用的功能键及其作用如下。

（1）F1：F1 键是常用的帮助键，当遇到疑难问题时，可以通过 F1 键获得相关帮助信息。

（2）F2：在 Windows 操作系统中，当选择一个文件或文件夹后，按一下 F2 键就可对其进行重命名。

（3）F3：当在 Windows 操作系统的窗口中要查找一个文件或文件夹时，可直接按 F3 键打开查找对话窗口进行查找。

（4）F5：F5 键起到"刷新"作用，等同于在 Windows 系统的窗口中单击"查看"菜单中的"刷新"命令，或单击右键快捷菜单中的"刷新"命令。

（5）ESC：ESC 键称为转义键，位于键盘最左上角，其作用是命令退出。在 Windows 系统中，如果正在执行某个程序，但又不想让其继续执行下去，可以按 ESC 键退出。

1.4.2 状态指示区

状态指示区（图 1-37）中的状态指示键显示了键盘当前的使用状态，从左到右依次为 Num Lock 指示灯、Caps Lock 指示灯和 Scroll Lock 指示灯。

1. Num Lock 指示灯

当 Num Lock 指示灯亮的时候，表示辅助键盘处于数字状态，分别为 0 ~ 9、小数点、运算符号键和回车键，它与主键盘区相应键功能完全一样，对于大批量的数字输入特别方便，可用右手单独完成输入，在财会、统计方面使用较多；当 Num Lock 指示灯灭的时候，表示辅助键盘处于编辑状态，各键的作用是为文字编辑应用程序提供光标移动等相应操作。

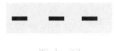

图 1-37

2. Caps Lock 指示灯

Caps Lock 指示灯可以看出键盘是处于大写还是小写状态。Caps Lock 指示灯亮，表示键盘正处于大写锁定状态中，这时按所有的字母键都为大写；若 Caps Lock 指示灯不亮，键盘就处于小写状态。

3. Scroll Lock 指示灯

Scroll Lock 指示灯亮，表示屏幕正处于停止滚动的状态之中。

1.4.3　主键盘区

主键盘区（图 1-38）是键盘的主要组成部分，用于各种命令、各种程序数据的输入。它分为字符键和控制键两大类。

图 1-38

> **提示** 对于打字来说，最主要的是熟悉主键盘区中的各个键的用途。

1. 字符键

字符键区（图 1-39）主要包括 26 个英文字母键、数字键、标点符号键和空格键，其排列方式与标准英文打字机键盘的排列方式相同，都是根据键位的使用频率来排列键的位置，即使用频率最高的键放在中间，使用频率低的放在边上，这种安排方式是依据手指击键的灵活程度排出来的。

图 1-39

字符键区中，键盘面上只有一个字符（如字母键），这些键称为单字符键；有些键面上有上下两个字符（如数字和标点符号键），这些键称为双字符键，在键面上方的字符称为上档字符，在键面下方的字符称为下档字符。

2. 控制键（图1-40）

主键盘区的控制键包括以下几类：

图1-40

（1）Shift：Shift键即上档键。上档键在主键盘区左右各有一个，其功能完全一样。该键有两个功能：

①当需要输入双字符键面的上档字符时，先按住上档键不放，再单击该双字符键，即可以输入上面的字符。

②同时按下上档键和字母键，可以实现大、小写字母的状态转换。例如，若当前键盘是英文小写状态，同时按下上档键和字母键，则可输入大写字母。

> **提示：** 直接单击双字符键时，只能输入其下面的字符。

（2）Caps Lock：Caps Lock键即大小写字母锁定键。电脑启动后，键盘一般处于小写状态。需要输入大写字母时，单击一次该键，键盘右上角的Caps Lock指示灯亮，这时按所有的字母键都为大写，此时若按上档键和字母键，则输入小写字母。若再单击Caps Lock键，Caps Lock指示灯灭，键盘又切换到小写状态。

加油站：Caps Lock键与Shift键的功能比较

Caps Lock键一般用于连续输入大写字母时进行状态转换，Shift键用于输入个别大写字母时进行状态转换。

（3）Backspace（或←）：Backspace键为退格键。退格键位于主键盘区右上方，用于清除当前光标左边的一个字符，使光标左移一个字符位置，同时光标后的所有字符跟着左移。它用于删除指定的内容。

（4）Enter：Enter键为回车键。回车键又称为换行键，当用户从键盘上输入完一行文字、一行程序或一条命令时使用该键。在DOS状态下，它是DOS命令的结束符；在文字处理软件中，按下回车键可使光标移到下一行行首（换行）。

（5）Tab：Tab键为制表定位键。Tab键原有的作用是按一下，屏幕光标移动八个空格，一般在输入源程序时使用；现在有些应用软件中，将该键设置成菜单项之间的转换键或用于水平制表。

（6）Esc：Esc键为退出键。Esc键位于第一排左边第一个键，在DOS操作系统状态下，它用来把已输入的命令或字符作废，在一些软件中，往往用于退出的功能。

（7）Alt：Alt键为切换键。Alt键在主键盘区下边左右各有一个，单独使用不起作用，必须与其他键配合使用，才会产生一些特殊的作用。

（8）Ctrl：Ctrl键为控制键。Ctrl键与Alt键一样，本身没有什么作用，必须与其他键配合使用。例如Ctrl键、Alt键和Del键联合使用可以重新启动计算机。

1.4.4 数字小键盘区

辅助键区位于键盘的右边，它可以提供快捷、方便的数字输入或编辑功能。

辅助键区有两种状态，一种是数字状态，另一种是编辑状态。状态的转换由辅助键区左上角的 Num Lock 键控制。Num Lock 键是一个重复触发键，其状态由键盘右上角的 Num Lock 指示灯显示。

（1）辅助键区处于数字状态时，分别为 0 ~ 9、小数点、运算符号键和回车键，它与主键盘区相应键的功能完全一样，对于大批量的数字输入特别方便，可用右手单独完成输入，在财会、统计方面使用较多。

（2）辅助键区处于编辑状态（Num Lock 指示灯不亮）时，各键的作用是为文字编辑应用程序提供光标移动等相应操作。具体功能如表 1-1 所示。

表 1-1

键	含　义	键	含　义
→	光标向右移动一列	End	光标移动到当前行的行尾
←	光标向左移动一列	PgUp	屏幕内容向前翻一屏
↑	光标向上移动一行	PgDn	屏幕内容向后翻一屏
↓	光标向下移动一行	Ins	进入 / 退出插入状态
Home	光标移动到当前行的行首	Del	删除光标处（或后）的一个字符

1.4.5　编辑键区

为了避免数字键盘中两种状态的频繁转换给用户带来的不便，在主键盘区和辅助键盘区之间又单独设置了一组编辑操作键盘区（图 1-41），这些键的作用与数字键盘区在编辑状态下的使用完全一样。

另外，编辑键区还具有数字键区没有的一些特殊键，下面简单讲解一下。

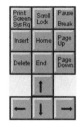

图 1-41

1. Print Screen

Print Screen 键为屏幕内容打印键。

（1）同时按下 Shift 和 Print Screen 键，将会把屏幕上显示的内容打印出来。如果屏幕上的内容是以图形方式显示的，则只有支持图形功能的打印机才能将其打印出来。

（2）若同时按下 Ctrl 和 Print Screen，则打印任何键盘敲入的及屏幕上显示的内容，直到再次同时按下这两个键为止。

（3）在 Windows 系统中，按下 Print Screen 键将当前屏幕内容复制到剪贴板中，按下 Alt+ Print Screen 键可将当前活动窗口复制到剪贴板中。

2. Scroll Lock

Scroll Lock 键为屏幕锁定键，按下此键后，屏幕就停止滚动，直到再次按此键为止。

3. Pause

Pause 为暂停键，同时按下 Ctrl 和 Pause 键，可以强行终止程序的执行。

第 2 章

掌握 Windows 的基本操作

本章将为大家讲解每一次使用电脑时都要接触到的一个重要角色——Windows。Windows 是当前的主流操作系统，应用十分广泛。本章主要讲解 Windows 的桌面、"开始"菜单、窗口等知识点和操作技能。

本章导读

2.1 Windows 的桌面

登录到 Windows 10 系统之后，首先展现在面前的就是桌面。使用电脑完成的各种操作都是在桌面上进行的。

刚安装好的 Windows 10 的桌面非常干净，桌面上只有一个"回收站"的图标，如图 2-1 所示。其余的程序都收集排列在下面要介绍的"开始"菜单中了。

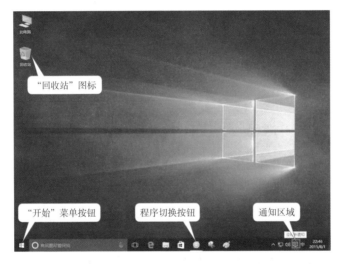

图 2-1

Windows 10 使用一段时间以后，随着安装的应用程序的增多，桌面上的图标会逐渐多起来，如图 2-2 所示。

图 2-2

Windows 10 的桌面主要由桌面背景、桌面图标和任务栏 3 部分组成，如图 2-3 所示。

图 2-3

1. 桌面背景

桌面背景是指 Windows 10 桌面的背景图案，又称为桌布或者墙纸，可以根据自己的喜好更改桌面的背景图案。

2. 桌面图标

桌面图标是由一个形象的小图标和说明文字组成，图标作为它的标识，文字则表示它的名称或者功能。

在 Windows 10 中，各种程序、文件、文件夹以及应用程序的快捷方式等都用图标来形象地表示，双击这些图标就可以快速地打开文件、文件夹或者应用程序。

3. 任务栏

任务栏是桌面最下方的水平长条，它主要由"开始"按钮、程序按钮区、通知区域组成，如图 2-4 所示。

图 2-4

（1）"开始"按钮。

单击任务栏最左侧的"开始"按钮，即可弹出"开始"菜单，如图 2-5 所示。

（2）程序按钮区。

程序按钮区放置的是已打开窗口的最小化图标按钮，每运行一个程序，就会在任务栏上的程序按钮区中出现一个相应程序的图标按钮，如图 2-6 所示。

通过单击其中的程序图标按钮，即可在各个程序窗口之间进行切换。可以根据需要通过拖曳操作重新排列任务栏上的程序按钮。

如果电脑硬件配置支持 Aero 特效并且打开了该功能，则当鼠标指针指向程序按钮区中的程序按钮时，会在其上方显示窗口的缩略图。

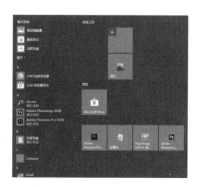

图 2-5

图 2-6

（3）通知区域。

通知区域位于任务栏的右侧，除了系统时钟、音量、网络和操作中心等一组系统图标按钮外，还包括一些正在运行的程序图标按钮，如图 2-7 所示。

图 2-7

2.2 Windows 的"开始"菜单

Windows 10 "开始"菜单整体可以分成两个部分，其中，左侧为常用项目和最近添加使用过的项目的显示区域，还能显示所有应用列表等；右侧则是用来固定图标的区域。如图 2-8 所示。

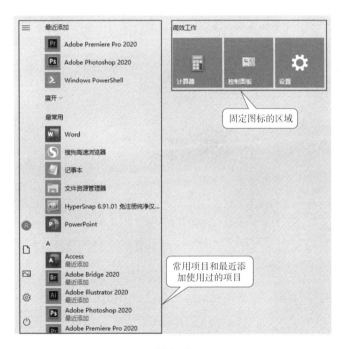

图 2-8

1. 将应用／程序固定到"开始"菜单

在左侧右键单击某一个应用项目或者程序文件，以 Excel 为例：使用鼠标右键单击列表中的 Excel，在弹出菜单中选择"固定到'开始'屏幕"，之后 Excel 应用图标就会出现在右侧的区域中，如图 2-9 所示。

应用如上操作，就能把经常用到的应用项目贴在右边，方便快速查找和使用。

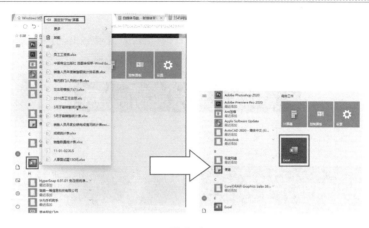

图 2-9

2. 将应用／程序固定到任务栏

在左侧右键单击某一个应用项目或者程序文件，以 Word 为例：使用鼠标右键单击列表中的 Word，在弹出菜单中选择"固定到任务栏"，之后 Word 应用图标就会出现在任务栏中，如图 2-10 所示。

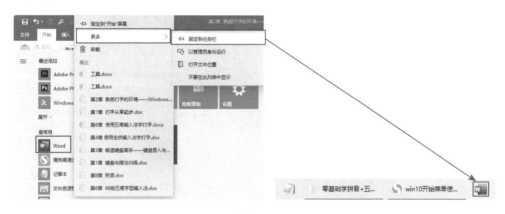

图 2-10

应用如上操作，就能把经常用到的应用项目固定到任务栏中，方便快速查找和使用。

3. 快速查找应用程序

通过鼠标左键单击左下侧的"开始"按钮图标 ⊞，然后在打开的菜单中单击列表中的字母，比如 A，便能弹出快速查找的界面，如图 2-11 所示。然后单击要查找的应用程序所对应的首字母，就能快速切换到该应用程序在"开始"菜单中的位置处。

这就是 Windows 10 提供的首字母索引功能，应用起来非常方便，利于快速查找应用。当然，这需要我们事先对应用程序的名称和它所属文件夹比较了解。

图 2-11

4. 关机或注销功能说明

使用鼠标右键单击 Windows 系统左下侧的 "开始" 按钮图标 ■，在弹出菜单中选择 "关机或注销" 命令，就会看到如图 2-12 所示的子菜单。

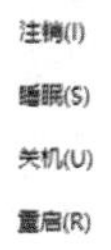

表 2-1 是关机或注销子菜单中的命令的功能说明。

注销(I)
睡眠(S)
关机(U)
重启(R)

图 2-12

表 2-1

命　令	功　　能
注销	注销 Windows 系统，重新进入 Windows 登录界面
睡眠	当运行这项功能时，电脑会进入低电源状态，只要按任意键或移动鼠标，便可以恢复 Windows 工作状态
关机	直接将电脑关闭
重启	先将电脑关闭，接着再重新启动

2.3 "此电脑"窗口操作

"此电脑"用于管理计算机的磁盘、文件夹和文件，使用"此电脑"可以方便地浏览磁盘、文件等资源，并进行各种相关操作。

2.3.1 把"此电脑"放置到 Windows 桌面上

很多人会发现，重装系统后，电脑桌面会只剩下"回收站"一个快捷方式图标。那么，要如何把"此电脑"放置到 Windows 桌面上呢？

（1）按键盘上的 Win 键 + 字母 I 组合键，弹出设置页面，如图 2-13 所示。

（2）单击"个性化"，进入个性化设置页面，如图 2-14 所示。

图 2-13　　　　　　　　　　　　图 2-14

（3）单击"主题"，进入主题设置后，向下滚动到页面底部，单击"相关的设置"下的"桌面图标设置"，如图 2-15 所示。

（4）在弹出的"桌面图标设置"窗口中，将希望显示的桌面图标前方的复选框勾选，在这里确保"计算机"选项被选中，如图 2-16 所示。

图 2-15   图 2-16

（5）单击"确定"按钮，在桌面就会出现"此电脑"的图标了。

2.3.2　基本组成与操作

双击 Window 桌面上的"此电脑"图标，就会打开"此电脑"窗口，如图 2-17 所示。

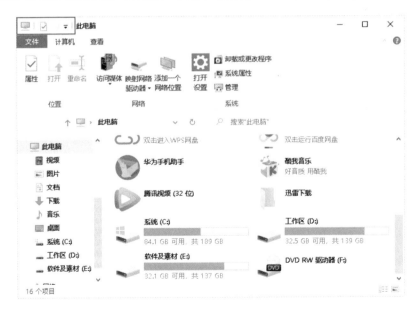

图 2-17

图 2-17 中红色方框内所示位置为快速访问工具栏。单击快速访问工具栏的小三角按钮 ▾，会弹出添加删除工具的菜单，如图 2-18 所示。如单击"撤销"命令，该工具就会添加到快速访问工具栏上。

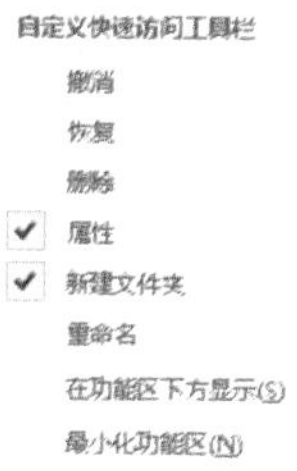

接下来的"文件""计算机""查看""驱动器工具"为菜单选项卡，就像 Windows XP 中的窗口菜单。

比如单击"驱动器工具"菜单选项卡，下方会弹出功能区，如图 2-19 所示。在功能区单击"清理"选项图标，就可以打开"磁盘清理"工具，对电脑进行垃圾文件清理工作。

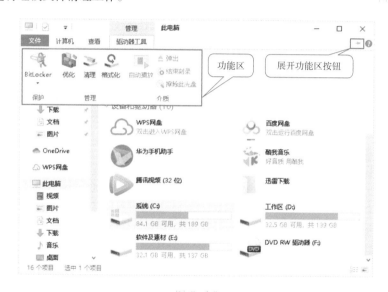

图 2-19

单击其选项卡右侧的"展开功能区"按钮 ⌄，可以收缩和展开窗口功能区。

如图 2-20 中红色矩形框中所示，选项卡下方从左到右分别是："后退" ←、"前进" →、"最近浏览的位置" 、"上移" ↑、"地址栏"和"刷新"按钮 ↻，再往右是搜索框。

图 2-20

单击地址栏右侧的向下箭头 ⌄ 按钮，然后在弹出的如图 2-21 所示的下拉菜单中单击位置名称，可以跳转到该位置，比如单击"D:\"，则可跳到磁盘 D 所在窗口。也可在左侧导航区单击想要到达的位置。

在底部状态栏的右侧，如图 2-22 所示红色矩形框，第一个图标为列表详细显示窗口内容，第二个是缩略图显示内容。

图 2-21   图 2-22

2.3.3 更改驱动器盘符

　　磁盘驱动器是指用于驱动磁盘的载体，包括光盘和硬盘驱动器。系统为驱动器分配了空间和名字，这些名字成为驱动器的盘符，盘符是驱动器的唯一标识。

　　磁盘的盘符（如 C、D、E、F、G、H、I、J、K 等）一般是由系统自动分配的，它决定了硬盘分区所在的物理位置。一般情况下不可以修改盘符，但可以修改驱动器的名字，如将图 2-23 中的 D 盘改名为"工作区"，具体操作如下：

　　（1）右击 D 盘图标，在弹出的快捷菜单中选择"属性"选项，进入 D 盘的属性对话框。

　　（2）在常规选项卡中的磁盘名字文本框中输入"工作区"，如图 2-24 所示。

图 2-23   图 2-24

　　（3）单击"确定"按钮，在弹出的"拒绝访问"对话框中单击"继续"按钮即可，如图 2-25 所示。

图 2-25

通过图 2-24 的磁盘属性图可以了解磁盘的空间分配情况，包括磁盘总容量、已用空间和可用空间，通过这些相关的信息，知道磁盘的使用情况，以便进行相关的碎片整理和磁盘清理等操作，优化磁盘的使用。

2.4　Windows 的菜单和对话框

除窗口外，在 Windows 10 操作系统中还有两个比较重要的组件，那就是"菜单"和"对话框"。

2.4.1　了解 Windows 10 菜单

在 Windows 10 系统中，菜单只是一种形象化的称呼，将各种命令分门别类地集合在一起就构成了菜单。

1. 菜单的种类

Windows 10 菜单可以分为普通菜单和右键快捷菜单两种。

（1）普通菜单。

为了使用起来更加方便，Windows 10 将菜单集中存放在菜单栏中，选择菜单栏中的某个菜单选项展开相应的功能区，如图 2-26 所示。

图 2-26

（2）右键快捷菜单。

在 Windows 10 操作系统中还有一种菜单称为快捷菜单，只要在文件、文件夹、桌面空白处以及任务栏空白处等区域单击鼠标右键，即可弹出一个快捷菜单，其中包含对选中对象的一些操作命令，如图 2-27 所示。

图 2-27

2. 菜单的标识符号

在 Windows 10 的菜单上有一些特殊的标识符号，它们代表着不同的含义，如图 2-28所示。

图 2-28

2.4.2 Windows 的对话框窗口

当所选择的操作需要做进一步的说明时，系统会自动弹出一个对话框。作为一种特殊的窗口，对话框与普通的 Windows 10 窗口具有相似之处，但是它比一般的窗口更简洁、直观。

一般来说，对话框由标题栏、选项卡、组合框、文本框、列表框、下拉列表、命令按钮、单选钮和复选框等几部分组成。

1. 标题栏

标题栏位于对话框的最上方，在它的左侧标明了该对话框的名称，右侧是关闭按钮╳，如图 2-29 所示。

2. 选项卡

一般情况下，标题栏的下方就是选项卡，每个对话框通常都是由多个选项卡组成的，可以通过在不同选项卡之间切换来查看和设置相应的信息。例如，"文件夹选项"对话框就是由"常规""查看"和"搜索"3 个选项卡组成的，如图 2-30 所示。

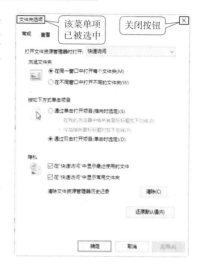

图 2-29

3. 组合框

在选项卡中通常会有不同的组合框，可以根据这些组合框来完成一些操作。例如打开"文件夹选项"对话框，在"常规"选项卡中可以看到"浏览文件夹"组合框，从中可以设置浏览文件夹的方式，如图 2-30 所示。

4. 文本框

在某些对话框中会要求输入一些信息，作为下一步执行的必要条件，这个空白区域就称为文本框，如图 2-31 所示。

图 2-30

图 2-31

5. 列表框

在列表框中，所有供选择的项均以列表的形式显示出来，不需要输入信息。当列表框中的内容很多，不能完全显示时，在列表框的右侧会出现垂直滚动条，可以通过拖动垂直滚动条来查看列表框中的内容，如图 2-32 所示。

6. 下拉列表

下拉列表折叠起来很像一个文本框，只不过在下拉列表的右侧或下面有一个下箭头按钮▾的标识。单击下箭头按钮即可将其展开，可以从弹出的列表中选择需要的选项，如图 2-33 所示。

图 2-32   图 2-33

7. 微调框

文本框与调整按钮结合在一起组成了微调框。既可以向其中输入数值，也可以通过调整按钮来设置需要的数值。

8. 命令按钮

命令按钮是对话框中带有文字的、突出的矩形区域，常见的命令按钮有"确定"按钮、"应用"按钮和"取消"按钮等，单击相应按钮即可执行相应的命令。

9. 单选按钮

单选按钮就是经常在组合框中出现的一个小圆圈○。通常在一个组合框中会有多个单选按钮，但只能选择其中的某一个，通过鼠标单击就可以在选中、非选中状态之间进行切换。被选中的单选按钮中间会出现一个实心的小圆点，即◉。

10. 复选框

复选框就是在对话框中经常出现的小正方形□，与单选按钮不同的是，在一个组合框中可以同时选中多个复选框，各个复选框的功能是叠加的。当某个复选框被选中时，其会出现标识☑。

第 3 章

个性化设置 Windows

本章导读

用户可以对 Windows 10 进行个性化设置，使得操作更为方便，更符合使用习惯。本章主要讲解的是如何设置显示属性、更改系统主音量，"开始"菜单和任务栏的个性化设置，方便快捷地进行用户管理、调整电脑时间和日期等。

3.1 设置 Windows 的显示属性

通过显示属性的设置，用户可以对桌面的主题、背景、屏幕保护等显示外观进行修改，使计算机系统的桌面、窗口乃至色彩都可以适应用户多方面的视觉要求。

3.1.1 更改桌面的主题

主题是指计算机的桌面背景以及各种操作的声音配置，Windows 10 中的主题是用于定制计算机的桌面、壁纸和鼠标光标。每个桌面主题对应的图标、桌面、声音和屏幕保护都有所不同。

接下来讲解更改 Windows 桌面主题的方法。

（1）单击 Windows 左下侧的"开始"菜单按钮▦，在弹出菜单中选择"设置"，如图 3-1 所示。此时出现了"Windows 设置"对话框，如图 3-2 所示。

图 3-1　　　　　　　　　　　　　　　图 3-2

（2）单击"个性化"选项，在出现的对话框中选择"主题"选项，如图 3-3 所示。

（3）向下滚动鼠标滚轮，直到看到"更改主题"选项，然后在主题列表中单击选择一种桌面主题即可，如图 3-4 所示。

图 3-3　　　　　　　　　　　　　　　图 3-4

（4）单击"在 Microsoft Store 中获取更多主题"超链接按钮，可连接到 Internet，在打开的微软应用商店中，下载主题获取更多的 Windows 主题，如图 3-5 所示。

图 3-5

3.1.2 更改桌面设置

桌面设置包括背景的设置以及自定义桌面。

单击 Windows 左下侧的"开始"菜单按钮 ▦，在弹出菜单中选择"设置"，然后在出现的"Windows 设置"对话框中单击"个性化"选项，在出现的对话框中选择"主题"选项，打开如图 3-6 所示对话框。

1. 设置桌面背景

在 Windows 桌面这一大块区域上，您可以换上自己喜爱的背景，不管是偶像、家人照片或喜欢的个人图像，或者是纯色背景图，或者是幻灯片，这些都是可以的，只要符合个人风格就好。

（1）单击图 3-6 中的"背景"选项，打开如图 3-7 所示的背景设置页面。

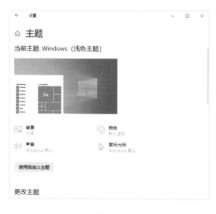

图 3-6

图 3-7

33

（2）单击"背景"下面的下拉按钮✓，在弹出的列表中，可以选择"图片""纯色"或"幻灯片"设置为桌面的背景，如图 3-8 所示。

（3）在这里选择"纯色"选项，然后在"选择你的背景色"下面的色块区域选择最后的黑色色块选项作为背景颜色，如图 3-9 所示。

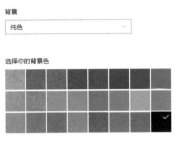

图 3-8

图 3-9

（4）如果选择"图片"选项，那么可以在"选择图片"列表中单击一种图片作为桌面背景，如图 3-10 所示。也可以单击"浏览"按钮，在打开的"浏览"对话框中选择本地电脑上自己指定路径的图片作为桌面的背景，如图 3-11 所示。

图 3-10

图 3-11

在选择"图片"作为背景的方式下，背景图的位置可以通过单击"选择契合度"的下拉列表按钮✓，在弹出的列表中进行选择，其中包括六种放置方式：填充、适应、拉伸、平铺、居中和跨区，如图 3-12 所示。

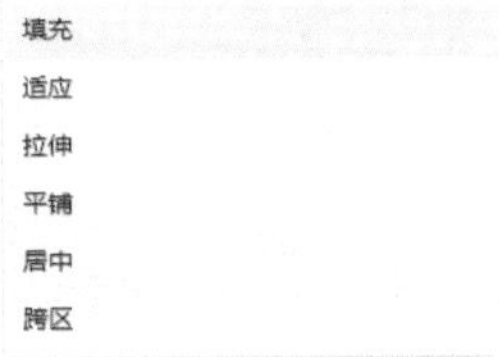

2. 自定义桌面图标

用户可以更改系统程序（如"此电脑""回收站"等）的桌面图标、清理桌面快捷方式等功能。

（1）在图 3-6 中，向下滚动鼠标滚轮到页面底部，单击"相关的设置"下的"桌面图标设置"超链接选项，如图 3-13 所示。此时打开了"桌面图标设置"对话框，如图 3-14 所示，在该对话框中可以进行相关项的选择与设置。

填充
适应
拉伸
平铺
居中
跨区

图 3-12

图 3-13   图 3-14

（2）可以单击选择或取消"桌面图标"下的选项，以决定它们的图标是否显示在 Windows 桌面上。

（3）可单击选中下方矩形框的"此电脑""Administrator""网络""回收站（满）""回收站（空）"中的一种进行图标更改，比如"此电脑"；然后单击"更改图标"按钮，在打开的"更改图标"对话框中的"从以下列表中选择一个图标"列表中选择一个图标，以作为"此电脑"在桌面上的显示图标，如图 3-15 所示。

图 3-15

（4）设置完毕，单击"确定"按钮关闭所有打开的对话框。

提示：也可以单击"浏览"按钮，在打开的对话框中查找一个图标作为桌面项目的图标。

3.1.3 调整显示器分辨率

显示器分辨率设置可以选择屏幕显示图表和字体的大小。分辨率的大小决定了屏幕显示字体的大小，一般有 800×600、1024×768、1280×720、1366×768 等。当分辨率越大时，可显示的像素就越多，因而屏幕的字体也就越小。同一个窗口在分辨率高的显示器上，看起来会相对较小，如图 3-16 所示。

1024×768 像素   1366×768 像素

图 3-16

使用鼠标右键单击 Windows 桌面空白处，在弹出菜单中选择"显示设置"命令，如图 3-17 所示。

在打开的页面中，单击"显示分辨率"选项的下拉按钮☑，在打开的列表中可以单击选择其中的一种合适的分辨率模式，设置为显示器的分辨率，如图 3-18 所示。

图 3-17   图 3-18

3.2 更改系统主音量

在日常使用过程中，可能想设置一下电脑的主音量，那么该如何设置呢？
操作方法其实很简单：

（1）单击任务栏右侧的"扬声器"按钮 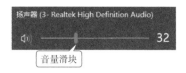。

（2）在打开的面板中直接拖动音量控制滑块，就可以调低（向左拖动）或调高（向右拖动）系统的主音量了，如图3-19所示。

图 3-19

3.3 个性化"开始"菜单和任务栏

新的"开始"菜单更加智能，它提供了更多的自定义选项，可以自动地将使用最频繁的程序添加到菜单顶层，使用户能够将所需的任何程序移动到"开始"菜单中。例如，"图片收藏"和"我的文档"文件夹等项以及控制面板现在也可以从顶层访问；而任务栏管理着我们操作的一个个任务，使操作的程序不至于混乱。用户也可以对任务栏进行设置，以适合个人的操作习惯。

3.3.1 显示/隐藏任务栏

隐藏任务栏是指当鼠标指针不在区域内时，不显示任务栏，当将鼠标指针移动到任务栏区域时，任务栏又显示出来，即是自动隐藏任务栏功能。而显示任务栏则是永久性的显示任务栏，不管鼠标指针在何处。下面是显示或隐藏任务栏的操作步骤。

1. 打开"任务栏和'开始'菜单属性"对话框

（1）使用鼠标右键单击任务栏空白区域。

（2）从弹出的菜单中选择"任务栏设置"命令，如图3-20所示。

2. 启动显示/隐藏任务栏功能

弹出"设置"对话框后，若要自动隐藏任务栏，则打开"在桌面模式下自动隐藏任务栏"，要显示任务栏，则关闭"在桌面模式下自动隐藏任务栏"，如图3-21所示。

图 3-20

图 3-21

3.3.2　将任务栏移到屏幕右侧

在默认情况下，任务栏都是在屏幕的下方，如果感觉使用不习惯，可以将其移到顺手的位置，如屏幕右侧。任务栏只能停放在屏幕的四边，不能停放在屏幕中间。下面是移动任务栏的操作步骤。

（1）使用鼠标右键单击任务栏空白区域，从弹出的菜单中选择"任务栏设置"命令。

（2）在打开的"设置"对话框中，单击"任务栏在屏幕上的位置"选项对应的向下箭头 ∨ 按钮，如图 3-22 所示。

（3）在弹出的下拉菜单中选择"靠右"，如图 3-23 所示。

图 3-22　　　　　　　　　　　　　　　　　　图 3-23

3.3.3　向任务栏中添加文件夹

当经常需要从某个文件夹下打开文件时，按照传统的打开方法，首先打开"我的电脑"窗口，再选择磁盘驱动器，然后再打开文件夹下的文件夹。这一过程很烦琐，这里介绍一种将常用的文件夹添加到任务栏上的方法，以后只需在任务栏上用鼠标右击该文件夹，从弹出的快捷菜单中选择"打开文件夹"即可。下面是向任务栏中添加文件夹的操作步骤。

1. 打开"新建工具栏"对话框

（1）使用鼠标右键单击任务栏上的空白区域。

（2）从弹出的快捷菜单中选择"工具栏"。

（3）从子菜单中选择"新建工具栏…"，如图 3-24 所示。

2. 添加文件夹

（1）在打开的如图 3-25 所示的对话框中，选择需要添加的文件夹。

（2）单击"选择文件夹"按钮。

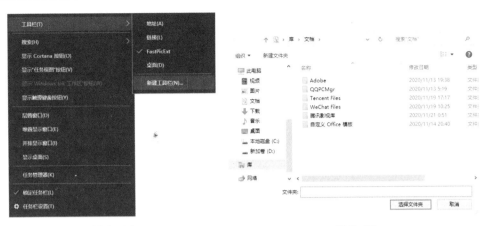

图 3-24　　　　　　　　　　　　　图 3-25

> **提示：** 当文件夹添加到任务栏上后，单击其右侧的按钮 >> ，将弹出一个列表，其中显示了文件夹中所有文件和子文件夹，如图 3-26 所示。

图 3-26

3.3.4 显示／隐藏任务栏通知区域中的图标

在任务栏的通知区域中有很多小图标，它们是当前系统正在后台运行着的程序图标，只要单击它们就可以唤醒相应的运行程序。可以将不常用的程序图标设置为隐藏，将常用的程序图标设置为显示。操作步骤如下：

（1）使用鼠标右键单击任务栏的空白区域。

（2）从弹出的快捷菜单中选择"任务栏设置"命令。

（3）在打开的"设置"窗口中，向下滚动鼠标滚轮，找到"通知区域"，然后单击"选择哪些图标显示在任务栏上"超链接按钮，如图 3-27 所示。

（4）在打开的如图 3-28 所示的"选择哪些图标显示在任务栏上"窗口中，就可以通过开启相应项目的"开"或"关"状态来在任务栏上显示或隐藏其图标。

图 3-27　　　　　　　　　　图 3-28

3.4 方便快捷的用户管理

Windows 10 是一个多用户多任务的操作系统，可以建立多个用户。如果有多个用户使用计算机，每个用户可以自定义计算机而不会清除其他个人设置。Windows 自动保存每个用户的设置，并在用户登录时激活用户设置。

3.4.1 在电脑上添加新用户

如果您允许其他个人有权访问计算机上的文件和程序，则可以在计算机中添加新的用户。但是，必须在计算机上拥有计算机管理员账户才能把新用户添加到计算机中。所以，在添加新用户时，必须使用具有计算机管理员身份的账户登录。以下是添加新用户的操作步骤。

1. 打开"控制面板"窗口

（1）单击"开始"菜单按钮。

（2）从弹出的"开始"菜单中依次选择"W"|"Windows 系统"|"控制面板"，如图 3-29 所示。

（3）在打开的"所有控制面板项"窗口中，单击"用户账户"选项，如图 3-30 所示。

图 3-29   图 3-30

（4）在打开的窗口中单击"管理其他账户"，如图 3-31 所示。

（5）在打开的"管理账户"窗口中单击"在电脑设置中添加新用户"，如图 3-32 所示。

图 3-31   图 3-32

（6）在打开的如图 3-33 所示窗口中单击"其他用户"选项栏下的"将其他人添加到这台电脑"。

（7）在打开的"本地用户和组"窗口中单击选择"本地用户和组"下的"用户"项，然后单击"操作"菜单，在弹出菜单中选择"新用户"命令，如图 3-34 所示。

图 3-33   图 3-34

（8）在打开的"新用户"对话框中输入用户名和密码，单击"创建"按钮后再单击"关闭"按钮，如图 3-35 所示。

（9）此时，在"本地用户和组"窗口中就会出现刚创建的用户了，如图 3-36 所示。

图 3-35   图 3-36

3.4.2 创建和更改用户密码

密码增加了计算机的安全性。当与其他人共享计算机时，如果为登录名或用户账户名分配一个密码，则对应用户的自定义设置、程序以及系统资源会更加安全。

创建用户密码的操作步骤如下：

打开"控制面板"窗口，单击"用户账户"，在打开的"用户账户"窗口中单击"在电脑设置中更改我的账户信息"，如图 3-37 所示。

图 3-37

1. 创建管理员密码

（1）如果是要创建管理员 Administrator 的密码，那么直接单击如图 3-38 所示窗口中的"登录选项"。

（2）在接下来的窗口中的"管理你登录设备的方式"选项列表下面，单击"密码"选项，如图 3-39 所示。

图 3-38　　　　　　　　　　　　　　　　图 3-39

（3）如果没有设置管理员密码，那么就会出现如图 3-40 所示的提示信息，此时单击"添加"按钮。

（4）在打开的"创建密码"窗口中输入密码后，单击"下一步"按钮，如图 3-41 所示。

图 3-40

图 3-41

（5）在出现的窗口中单击"完成"按钮即可，如图 3-42 所示。

（6）单击图 3-43 所示的"更改"按钮，就可以重新设置密码。

图 3-42   图 3-43

2. 修改其他用户的密码

如果修改其他用户比如"云飞"的密码，方法如下：

（1）单击图 3-37 中的"管理其他账户"选项。

（2）单击"云飞"，如图 3-44 所示。

（3）单击"更改密码"，如图 3-45 所示。

图 3-44   图 3-45

（4）在打开的对话框中重新输入并确认新密码，密码提示之后，单击"更改密码"按钮即可，如图 3-46 所示。

图 3-46

3.5 调整电脑时间和日期

在电脑内部有一个电子时钟，即使在关机的情况下，它仍然可以准确计时。电脑时钟对于我们的操作十分重要，在储存文件时，每个文件都会标记存取的时间和日期，所以电脑时钟最好把它校准，用以准确查询文件的存取时间和日期。

3.5.1 更改电脑的日期

Windows 是使用日期设置来识别文件的创建和修改的时间的，所以正确地设置电脑日期对于我们管理文件很重要。有时，我们也会根据需要更改电脑的日期，比如，在病毒发作日时，可以将电脑日期更改为其他日期，跳过病毒发作日。以下是更改电脑日期的操作步骤。

（1）打开"控制面板"窗口，单击"日期和时间"图标按钮，如图 3-47 所示。

（2）在打开的"日期和时间"对话框中，单击"更改日期和时间"按钮，如图 3-48 所示。

图 3-47

（3）弹出"设置日期和时间"对话框后，在"日期"下分别调整年份和月份，然后单击"确定"按钮，如图 3-49 所示。

图 3-48

图 3-49

3.5.2 更改电脑的时间和时区

　　电脑上的时钟如果长时间不校时的话，可能与标准的时间对不上。如果时区设置不正确，也会导致时间错误，这时可以更改电脑时间和时区来校正时间。以下是更改电脑时间和时区的操作步骤。

　　（1）打开"控制面板"窗口，单击"日期和时间"图标按钮，在打开的"日期和时间"对话框中，单击"更改时区"按钮，如图3-50所示。

　　①在弹出的"时区设置"对话框中单击"时区"选择列表按钮，如图3-51所示。

图3-50　　　　　　　　　　　　　　　　图3-51

　　②从弹出的列表中选择所在地的时区，如图3-52所示。单击"确定"按钮关闭"时区设置"对话框。

　　（2）在"日期和时间"对话框的"日期和时间"选项卡中单击"更改日期和时间"按钮，在打开的"日期和时间设置"对话框的"时间"栏中调整时间，如图3-53所示。

图3-52　　　　　　　　　　　　　　　　图3-53

（3）单击"确定"按钮返回到"日期和时间"对话框。再单击"确定"按钮关闭对话框。

3.5.3 与因特网服务器时间同步化

如果觉得自己调的时间不够准确，可以与因特网服务器的时间做同步化处理。以下是与因特网服务器时间同步化的操作步骤。

（1）打开"控制面板"窗口，单击"日期和时间"图标按钮，在打开的"日期和时间"对话框中，单击切换到"Internet时间"选项卡，如图3-54所示。

（2）单击"更改设置"按钮，在打开的"Internet时间设置"对话框中选中"与Internet时间服务器同步"选项，然后单击"立即更新"按钮，再单击"确定"按钮关闭该对话框，如图3-55所示。

图3-54

图3-55

3.5.4 更改日期、时间和区域格式设置

对于电脑中的日期显示格式，可以选择四位数的年份表示方式，或者是两位数的年份表示方式。下面介绍其更改方法。

（1）单击任务栏右侧的时间和日期图标按钮。

（2）从弹出的界面中单击选择"日期和时间设置"，如图3-56所示。

（3）在打开的"日期和时间"设置窗口中，单击"相关设置"下的"日期、时间和区域格式设置"项，如图3-57所示。

（4）此时打开了如图3-58所示的设置窗口。

①单击"区域格式"下面的设置按钮，在弹出的下拉列表中可以重新选择设置格式，如图3-59所示。

图 3-56

图 3-57

图 3-58   图 3-59

②单击"更改数据格式"，如图 3-60 所示。

（5）在打开的如图 3-61 所示窗口中，单击对应项右侧的下拉按钮 ∨，可以分别更改日历、长日期格式、短日期格式、长时间格式和短时间格式。

（6）设置完毕，单击窗口右上角的"关闭"按钮 ✕，将打开的窗口关闭。

图 3-60

图 3-61

第 4 章

轻松学打字

本章导读

目前，键盘打字是电脑输入的主要方式，并且越来越成为人们日常生活中不可缺少的一部分。那我们怎样才能快速学好电脑打字，成为一名打字高手呢？进行专门的训练，是迈向成功的必不可少的一个重要环节。

另外，本章将重点讲解使用拼音输入法和五笔输入法的重要知识点与常用功能，并给出相应实例以帮助读者快速掌握打字技能。

4.1 正确的打字指法

要学好打字，必须要掌握正确的指法。

4.1.1 正确的打字姿势

开始打字之前，一定要端正打字时的坐姿。如果坐姿不正确，不但会影响打字速度的提高，而且会造成打字错误率的增加，人还很容易疲劳，对身体也有不良的影响。

正确的打字姿势如图4-1所示。

（1）座位的高度以双手可平放在键盘上为准。

（2）两脚平放，腰部挺直，两臂自然下垂，轻轻贴于腋边。

（3）身体可略微倾斜，离键盘的距离为20~30厘米。

（4）打字用的文稿放在键盘的左边，或用专用夹夹在显示器左边沿。

（5）显示器宜放在键盘的正后方。

（6）打字看文稿的时候，身体不要跟着倾斜。

图 4-1

4.1.2 正确的指法

正确的按键指法如下：

（1）必须严格遵守手指指法的规定，各个手指分工明确，各守岗位。这里，任何不按指法要点的操作都必然会造成指法混乱，最后严重地影响速度的提高和差错率的降低。

（2）一开始就要严格要求自己，否则一旦养成了错误的打字习惯，正确的方法就难以学会了。开始训练时有些指法，比如无名指，不够"听话"，有点别扭，但只要坚持练习，就可以获得很好的学习效果。

（3）每一手指到上下两排"执行任务"完成后，只要时间允许，一定要习惯回到各自的基本键位上。这样，再敲击别的字符键时，平均移动的距离比较短，因而便于提高击键速度。

（4）手指击键，必须依靠手指和手腕的灵活运动。不要靠整个手臂的运动来找到键位。

4.1.3 正确的击键力度

电脑键盘的三排字母键几乎处于同一平面上，所以在进行键盘操作时，主要的用力部分是指关节，而不是手腕用力，这一点必须时刻牢记。随着指法训练的逐渐纯熟，手指敏感度加强，就可以将指力与腕力结合起来打字。

以指尖直向键盘使用冲力，要在瞬间发力，并立即反弹。切不可用手指去压键，以免影响击键速度。能否体会和掌握这个要领，是学习中英文打字的关键。

在击打空格键时，也应注意瞬间发力，击打空格键后要立即回弹。要体会和掌握动作的准确性，击键力要适度，节奏要均匀。

4.1.4　初学者最易犯的毛病

对于初学打字的人来说，最容易犯的毛病有哪些呢？现在归纳总结如下：

（1）基本键键位易弄乱。基本键的手指位置不能随意弄乱。"A""S""D""F""J""K""L"";"这 8 个基本键位置必须按规定的手法进行操作。

（2）错位和手指对称错误。主要是只记住字母键的手指分工而混淆了左右指的分工，这是在速度练习中最常见的错误。如原应敲击出字符 I，却打出字符 E 来，并且字符键的先后次序也容易颠倒，如 her 打成 hre、that 打成 thta 等。所有这些都是因为指法尚未达到纯熟的缘故。

（3）出现连字。在键盘上录入时，两字间及打完标点符号后，容易漏打空格，出现连字现象。这主要是因为初学者拇指敲击空格键的指法不纯熟，速度慢，以至于只顾连续打而忘了打空格键。要改正这一毛病就要一开始养成打完一个词后随即按空格键的习惯。

（4）不是击键，而是按键。计算机键盘字符键的灵敏度很高，初学者往往因为指法生疏而不自觉地用力按键，屏幕就会出现两个或多个同样的字符，这样会影响录入的质量和速度，因此在键盘录入中要注意是敲击字符键，而不是按字符键。

上述毛病虽然会在刚开始练习录入时出现，但只要坚持按照正确的方法多加练习，什么毛病都会改正过来，文字录入也就会变得又快又准确了。

4.2　指法训练

进行指法训练的技巧如下。

4.2.1　数据录入的基本原则

从事数据录入必须遵守以下两个原则：

（1）两眼专注原稿，操作不要看键盘。

（2）精神高度集中，避免出现差错。

不要看键盘录入是当眼睛看到原稿的字符后，手指能不假思索地自动按看到的数据。

从生疏到熟练总有一个过程，初学者不要只顾一时的方便，看键盘打，养成错误的习惯。练习时最好也不要看屏幕，否则不仅会影响速度而且还会增加错误率。初学者只要能自觉遵守录入要求，就会很快成为合格的计算机数据录入人员。

4.2.2 手指的定位

（1）准备打字时，双手八指轻放在基本键位上，如图 4-2 所示。

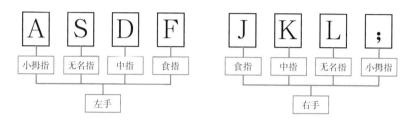

图 4-2

（2）手指分工，包键到指。各手指分工如图 4-3 所示。两手大拇指轻放在空格键上，用于输入空格字符。

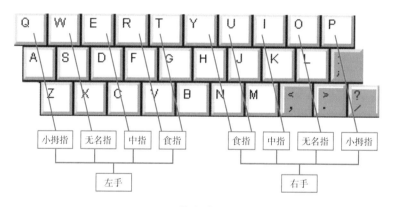

图 4-3

①左手分工。
小拇指规定所打的字符键有 "1" "Q" "A" "Z"；
无名指规定所打的字符键有 "2" "W" "S" "X"；
中指规定所打的字符键有 "3" "E" "D" "C"；
食指规定所打的字符键有 "4" "R" "F" "V" "5" "T" "G" "B"；
②右手分工。
小拇指规定所打的字符键有 "0" "P" "；" "/"；
无名指规定所打的字符键有 "9" "O" "L" "。"；
中指规定所打的字符键有 "8" "I" "K" "，"；
食指规定所打的字符键有 "7" "U" "J" "M" "6" "Y" "H" "N"。
（3）需要换行时，用右手小拇指去敲回车键。
（4）输入左手负责的上档字符时，用右手小拇指按住右边上档键 Shift；输入右手负责的大写字母时，用左手小拇指按住左边上档键 Shift。

（5）无论哪一个手指击键，该手的其他手指也应一起提起上下活动，而另一只手则放在基本键位上。

4.2.3　基本键的训练

键盘中的 A、S、D、F 及 J、K、L、这八个键是操作键盘的基本键位。在基本键练习时，将手指分布在这八个键位上，手指在键盘上应保持固定位置。在基本键的练习时，手指在击打键盘上的字符后，应立即复位到基本键位上。

在下面所提供的练习中，每组练习 3 遍。

aaaaa	sssss	ddddd	fffff	:::::	lllll	kkkkk	jjjjj
sssaa	dddff	:::ll	::kkk	jjkkl	fdsaa	jkl;;	fdjk
ffals	dskj	safll	:dlsa	kdks	jfdsa	kdsa;	llsad

4.2.4　G、H 键的训练

中排 G 键是左手食指的范围键，而 H 键是右手食指的范围键。练习 G、H 键的注意事项：

G 与 H 两个键被夹在 8 个基本键位的中间，是左右手食指的击打范围。

打 G 字符时，左手食指向右伸一个键位打 G 字符键，击打完毕立即归位到基本键位上。

打 H 字符时，右手食指向左伸一个键位打 H 字符键，击打完毕立即归位到基本键位上。

在下面所提供的练习中，每组练习 3 遍。

jgfd	ghds	kadg	hghg	ghds	kdla	ghhk	gshg
dgjf	hgkd	ksal	:ghd	ghff	hghh	gggg	hhhh
fgfg	jhjh	kdhg	khdg	lhsg	lhag	kdag	khgg
ggff	hhjj	ddss	kkll	aa:;	gfds	hjkl	ghgh

4.2.5　E、I 键的训练

上排的 E 键是左手中指的范围键，而 I 键是右手中指的范围键。练习 E、I 键的注意事项：

E 与 I 两个键位于键盘上的第三排，是左右手中指的击打范围。

打 E 字符时，左手中指向上击打 E 字符键，击打完毕应立即归位到基本键位上。

打 I 字符时，右手中指向上击打 I 字符键，击打完毕应立即归位到基本键位上。

在下面所提供的字符练习中，每组字符练习 3 遍。

fed	fed	fed	ill	ill	hih	gig	heh
geg	kih	dkw	eei	iie	eie	iei	dei
lakes	jillk	likes	ideas	jadeh	skiff	dealg	fadea

| leaf | sella | seggl | aiksa | saels | laked | gllad | falch |
| seall | safel | skill | filse | files | filed | desks | liked |

4.2.6 R、T、Y、U、Enter 键的训练

上排的 R、T 键是左手食指的范围键，而 Y、U 键是右手食指的范围键；Enter 键是右手小指的范围键。

打 R 字符时，左手食指微偏左向上伸击打 R 字符键，击打完毕立即复位到基本键位上。

打 T 字符时，左手食指微偏右向上伸击打 T 字符键，击打完毕立即复位到基本键位上。

打 Y 字符时，右手食指微偏左向上伸击打 Y 字符键，击打完毕立即复位到基本键位上。

打 U 字符时，右手食指微偏左向上伸击打 U 字符键，击打完毕立即复位到基本键位上。

打 Enter 键时，右手小拇指伸向最右边击打 Enter 键，击打完毕立即复位到基本键位上。

在下面所提供的练习中，每组练习 3 遍。

ytair	ytair	ytair	ytair	ytair	stair	stair	ytair
treyk	ksker	tuers	gytre	htgyu	uoyar	egsah	iejhd
rtfbk	edauh	thujd	kudie	gdjtu	fhfyu	ryeih	fhyte
ldayu	eryui	aduyt	ireer	yhgue	hgytr	ghtyu	kdiut

4.2.7 Q、W、O、P 键的训练

上排的 Q、W 键是左手小拇指和左手无名指的范围键，而 O、P 键是右手无名指和右手小拇指的范围键。练习 Q、W、O、P 键的注意事项：

打 Q 字符时，左手小拇指微偏左向前伸击打 Q 字符键，击打完毕立即复位到基本键位上。

打 W 字符时，左手无名指微偏左向前伸击打 W 字符键，击打完毕立即复位到基本键位上。

打 O 字符时，右手无名指微偏左向前伸击打 O 字符键，击打完毕立即复位到基本键位上。

打 P 字符时，右手小拇指微偏左向前伸击打 P 字符键，击打完毕立即复位到基本键位上。

在下面所提供的练习中，每组练习 3 遍。

Owpqe	wwqqo	ppoow	wwqqo	powqp	oowwp
Opwqw	ooppq	otyqe	wuoqq	oybrq	pothq
Eodqp	efwtw	oruoq	rwpfu	wtyty	ruoed
Ypqqp	pqepq	yqper	dpdqp	owtre	owiqp
Tyger	quite	oiler	rawer	werper	hight

4.2.8 V、B、N、M 键的训练

下排的 V、B 键是左手食指的范围键，而 N、M 是右手食指的范围键。练习 V、B、N、M 键时应注意的事项如下：

打 V 字符时，左手食指微偏右向下伸击打 V 字符键，击打完毕后应立即复位到基本

键位上。

打 B 字符时，左手食指偏右向下伸击打 B 字符键，击打完毕后应立即复位到基本键位上。

打 N 字符时，右手食指微偏左向下伸击打 N 字符键，击打完毕后应立即复位到基本键位上。

打 M 字符时，右手食指微偏右向下伸击打 M 字符键，击打完毕后应立即复位到基本键位上。

在下面所提供的字符练习中，每组字符练习 3 遍。

Nvbbv	mmbbn	bvmnv	vvmnn	mbbmv	bvvnv
mvvnb	mmvvn	vbvbn	mmnnv	bbnvm	vnbmm
bbvmb	bnvmm	meirb	wmgsb	bhfjm	vdewi
iujsm	gyyso	gqwrt	ysjmd	fmygf	mnvds
gmfbn	nvjvh	fbmhg	mgjbv	nvdgh	ffmbn

4.2.9　Z、X、C、🄿及 Shift 键的训练

下排的 C、X、Z 键是左手中指、无名指和小指的范围键，而🄿键是右手小拇指的范围键。练习 C、X、Z、🄿及左右 Shift 键时应注意的事项如下：

打 C 字符时，左手中指微偏右向下伸击打 C 字符键，击打完毕后应立即复位。

打 X 字符时，左手无名指微偏右向下伸击打 X 字符键，击打完毕后应立即复位。

打 Z 字符时，左手小拇指微偏右向下伸击打 Z 字符键，击打完毕后应立即复位。

打🄿字符时，右手小拇指微偏右向下伸击打该字符键，击打完毕后应立即复位。

如果要输入某些键的上半部分字符时，则需要"Shift"键。如果所输入字符是右手所管范围，则左手小拇指向左略偏下移动，按住"Shift"键不放，再用右手相关手指击打其他键；如果所输入字符是左手所管范围，则右手小拇指向右略偏下移动，按住"Shift"键不放，再用左手相关手指击打其他键。

在下面所提供的练习中，每组字符练习 3 遍。

vbnbc	cvbbx	cvvxx	xcndc	cvcvx	zcnmb
zcvvb	vcbbx	czln:	cndzx	nvcm	widrv
verlon	ckdax	mbnb	vncxx	mbnc	nvz:?
foxme	dienv	vnczm	next	sox	exit
seize	zero	car	zea	fox	calling

4.2.10　数字键的训练

最上排的一行 1~0 为数字及上档的一些符号键，其中，1、2、3 数字键分别对应左手的小拇指、无名指及中指；而 0、9、8 数字键分别对应右手的小拇指、无名指及中指；5、6、7、8 数字键是左右手食指的范围键。在练习上排的数字键时，手指还是放在基本键位上，击打完毕，手指立即回到基本键位上。如果按住"Shift"键不放，则输入的是该键的上档字符。

在下面所提供的字符练习中，每组字符练习 3 遍。

13933	84384	91939	75768	12340	56789
18934	96754	19490	76438	85190	84381
!##%	*^**)	^(*%@	_+)(&	&*^%$	%!@#~
%+_	|=-*	7395~~	^*789+|	6364#%	~12#%#*

4.3 使用记事本练习指法

记事本是 Windows 系统自带的一个小程序，在安装系统时，它就一起被安装到电脑中了。接下来为读者讲解使用记事本练习指法的方法。

4.3.1 打开记事本

那么如何启动"记事本"文本编辑器呢？可以按如下步骤启动：

（1）单击 Windows 系统左下侧的"开始"按钮▦，打开"开始"菜单，如图 4-4 所示。

提示： 如果在桌面看不见任务栏，将鼠标移动到屏幕的下方，系统就会自动弹出隐藏起来的任务栏。

（2）向下滚动鼠标滚轮键，找到字母 W，单击展开"Windows 附件"选项，然后单击"记事本"，如图 4-5 所示。此时就打开了"记事本"程序，如图 4-6 所示。

图 4-4

图 4-5

图 4-6

4.3.2 练习输入英文

接下来就开始练习在记事本中输入英文，进行指法训练。

输入的英文内容如下：

What is a computer?

A computer is an electronic device that can automatically conduct accurate and fast data manipulation under the control of stored program instructions. It accepts, stores, and processes data and produces output results through output devices like screen and printers. Computer technology is the combination of electronic technology and calculation technology. Now it has developed into a new stage that features the merging of computer and communication, leading to the wonderful Internet world. The computer nowadays possesses rather powers of logical judgement, automatic control and memory capacity. As a result, it can, to some extent, take the place of labors at some occupational posts.

At its early years, computer was produced to do scientific calculations, but now it has been widely used in almost every field. The following gives the main uses of computer.

图 4-7

输入完毕，记事本页面如图 4-7 所示。

4.3.3 保存输入的内容

可以把输入的英文内容保存起来。

（1）执行"文件"/"保存"菜单命令或"另存为"菜单命令，打开"另存为"对话框，如图 4-8 所示。

（2）在"保存在"栏中选择文档保存的位置，在这里选择 D 盘；在"文件名"栏中输入文件名称，在这里输入"英文打字练习"，如图 4-9 所示。

图 4-8

图 4-9

（3）设置完毕，单击"保存"按钮，就将输入的英文以"英文打字练习"为名称保存到电脑的 D 盘上了。此时记事本程序的标题就变成了"英文打字练习 .txt"，如图 4-10 所示。

图 4-10

（4）单击记事本程序右上角的"关闭"按钮×，就可以将记事本程序窗口关闭掉。

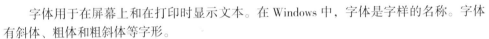

4.4 安装字体

字体用于在屏幕上和在打印时显示文本。在 Windows 中，字体是字样的名称。字体有斜体、粗体和粗斜体等字形。

查看 Windows 中已经安装的字体，以及如何添加新的字体的方法如下。

4.4.1 查看字体

查看 Windows 中已经安装的字体的方法。

1. 打开"字体"窗口

（1）单击 Windows 系统最左下侧的"开始"菜单按钮，在出现的菜单中单击"W"｜"Windows 系统"｜"控制面板"，如图 4-11 所示。

（2）在出现的"控制面板"窗口中选择右上角"查看方式"下拉菜单中的"大图标"选项，如图 4-12 所示。

图 4-11

图 4-12

（3）单击窗口左下角的"字体"图标，如图4-13所示。此时就打开了如图4-14所示的"字体"窗口。

图4-13

图4-14

2. 查看字体

（1）将光标移动到要查看的字体文件上并单击一下，比如窗口中的Algerian，如图4-15所示。

（2）双击选中的字体，就可以在打开的窗口中查看字体了，如图4-16所示。

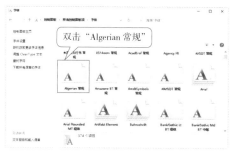

图4-15

图4-16

（3）单击窗口右上角的"关闭"按钮✕，就可以将该窗口关闭掉。

（4）单击窗口中左上角的"打印"按钮，就可以将该窗口中的字体信息通过打印机打印出来。

4.4.2　安装新字体

为Windows添加新字体的方法很简单。

（1）打开要安装的字体文件所在的文件夹，单击选中字体文件（可按住键盘上的Ctrl键不放，使用鼠标左键依次单击选择字体文件，可多选），然后按键盘上的Ctrl+C组合键（不要按其中的"+"号），将字体文件复制。

（2）切换到如图4-15所在的"字体"窗口，按键盘上的Ctrl+V组合键（不要按其中的"+"号），这样系统就自动将字体文件安装在电脑上了。

（3）字体安装完毕，单击窗口右上角的"关闭"按钮✕，将该窗口关闭。

提示： 如果正在安装的字体已经安装在 Windows 中了，则会弹出如图 4-17 所示的提示信息，此时单击"是"按钮就可以继续安装后面的字体了。

图 4-17

4.5 使用全拼输入法学打字

4.5.1 下载与安装全拼输入法

全拼输入法是一款可以用于 Windows 系统的传统全拼输入法，对于不习惯 Windows 自带的输入法，可以下载这款传统全拼输入法。需要注意的是，下载时要解决版权问题。

本章如下内容是根据全拼输入法 6.50 为基础进行讲解的，该版本可在如下网址进行下载：

https://softdown.zol.com.cn/detail/41/408452.shtml

（1）打开浏览器，在地址栏输入如下网址：

https://softdown.zol.com.cn/detail/41/408452.shtml

由于该软件很小，所以在页面的下载地址链接处，推荐使用本地下载，如图 4-18 所示。

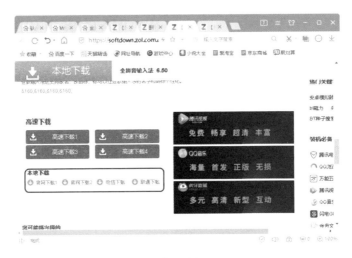

图 4-18

（2）单击"本地下载"下面的其中一个链接按钮，打开类似如图 4-19 所示的对话框。

（3）单击"浏览"按钮，在打开的"另存为"对话框中选择要下载的压缩安装包要保存的位置，然后单击"保存"按钮，如图 4-20 所示。

（4）单击"下载"按钮，将其保存到电脑上所选位置处。

（5）找到下载下来的压缩文件包，将其进行解压缩，然后进入解压缩后的文件夹，双击 winpy650.exe 文件，进行安装，如图 4-21 所示。

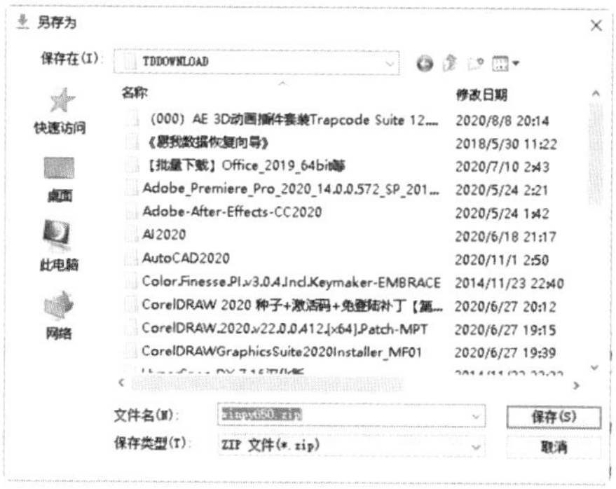

图 4-19

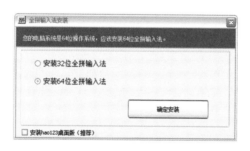

图 4-20 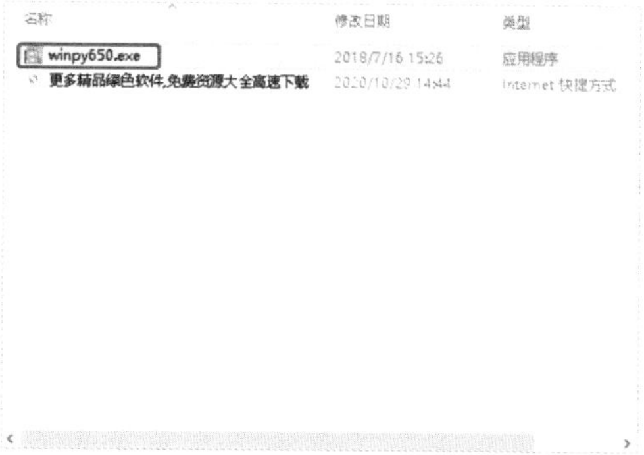　　　　　　　　　　　　　图 4-21

（6）在打开的"全拼输入法安装"对话框中，选择"安装 64 位全拼输入法"，并取消"安装 hao123 桌面"选项，然后单击"确定安装"按钮就可以把输入法安装到电脑中了，如图 4-22 所示。

图 4-22

4.5.2 选择输入法

当操作系统中安装了多种输入法后，在输入字符时就要对输入法做出选择，以决定使用哪种输入法来输入字符。

1. 选择输入法

在任务栏上使用鼠标左键单击输入法图标，从弹出的菜单中单击选择要使用的输入法即可，如图 4-23 所示。

2. 设置"输入法"热键

通过顺序切换来选择输入法，往往需要按很多次热键才能

图 4-23

选中需要的输入法。可以对经常使用的输入法设置一个热键，只要按下该热键，就可以选中该输入法。

（1）使用鼠标左键单击输入法图标，从弹出的菜单中单击选择"语言首选项"选项，如图 4-24 所示。

（2）在弹出的"语言"对话框中，单击"拼写、键入和键盘设置"超链接选项按钮，如图 4-25 所示。

图 4-24

（3）在弹出的"输入"对话框中的"更多键盘设置"列表中，选择"高级键盘设置"超链接按钮选项，如图 4-26 所示。

图 4-25

图 4-26

（4）在打开的"高级键盘设置"对话框中，单击"输入语言热键"超链接选项，如图 4-27 所示。

（5）此时打开了"文本服务和输入语言"对话框，在"高级键设置"标签中的"输入语言的热键"列表框中，选择要更改热键的输入法，在这里选择"全拼输入法"所在列，然后单击"更改按键顺序"按钮，如图 4-28 所示。

图 4-27

图 4-28

（6）在弹出的"更改按键顺序"对话框中选择"启用按键顺序"复选框，再根据我们的习惯选择是"Ctrl"键或者是"左手 Alt"键与 Shift 键组合，然后在"键"右侧的下拉列表中选择一个数字，如图 4-29 所示。

图 4-29

（7）设置完成后单击"确定"按钮。这样，输入法的热键就设置完成了。以后只要按下相应的输入法热键，就可以启用相应的输入法。

3. 显示／隐藏全拼输入法状态标志

全拼输入法的状态标志是浮在工作界面中的，使用鼠标拖动可以将其移动到界面的任何位置上，如图 4-30 所示。在不进行文字输入的时候可以将它隐藏起来，在需要输入的时候将它显示出来。

在 Windows 中显示或隐藏全拼输入法状态标志的方法很简单，方法如下：

（1）隐藏全拼输入法状态标志。使用鼠标单击输入法状态标志左侧的 Windows 徽标 🈶，从弹出菜单中选择"嵌入状态栏"选项，如图 4-31 所示。这样就切换到了非输入法状态下，输入法状态标志自然就隐藏了。

（2）显示全拼输入法状态标志。当要恢复显示输入法状态标志时，用鼠标单击任务栏中的中／英文输入状态图标，从弹出的菜单中选择"还原状态栏"命令即可，如图 4-32 所示。

图 4-30　　　　　图 4-31　　　　　图 4-32

4. 中英文和全／半角切换输入

全拼输入法状态栏如图 4-33 所示。

（1）中英文切换按钮：完成中英文输入状态的切换，通常也可以用组合键 Ctrl+Space 实现中英文之间的切换。

（2）输入方式切换按钮：只提示输入方式为全拼输入方式。

（3）全角／半角切换按钮：完成全角和半角之间的切换，它对输入汉字没有影响，只对输入其他符号（字母、数字等）有影响。

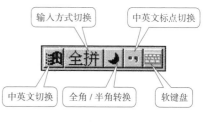

图 4-33

（4）中英文标点切换按钮：完成中英文标点符号之间的切换。中文标点符号占两个字符位置，英文标点符号占一个字符的位置，它们之间的种类也有很多区别。

（5）软键盘按钮：用鼠标左键单击它可以打开或关闭软键盘，如图 4-34 所示，它可以代替键盘完成输入；用鼠标右键单击它可以打开软键盘设置菜单，如图 4-35 所示，在其中可以选择不同的软键盘类型。Windows 提供了 13 种软键盘，用于不同种类符号的输入。

图 4-34   图 4-35

4.5.3 中文录入的基本方法

中文录入的基本方法：先选择一种中文输入方法，然后按照该输入法的规则输入汉字。

1. 键入中文标点符号

选择中文输入法之后，就可以通过鼠标或使用组合键"Ctrl+.（句点）"在中文标点和英文标点之间切换。在英文状态下，所有的标点与键盘是一一对应的；在中文状态下，中文标点与键盘的对照关系如表 4-1 所示。

表 4-1　中文标点与键盘的对照关系

中文标点	键盘符号	说　　明
，逗号	,	—
。句号	.	—
"" 双引号	""	中文双引号自动配对
'' 单引号	''	中文单引号自动配对
？问号	?	中英文相同
！感叹号	!	中英文相同
（左括号	(	—
）右括号	)	—
——双字线	–	按组合键 Shift+– 产生中文双字线
·中圆点	@	—
—连接号	&	—
￥人民币符号	$	—

2. 中文录入的基本原则

下面举例说明录入中文的基本方法。

（1）选择中文输入法，如选择"全拼输入法"。

（2）通过键盘或软键盘输入与中文对应的拼音字母，如"shenghuo"，屏幕上出现中文候选窗口，如图4-36所示。

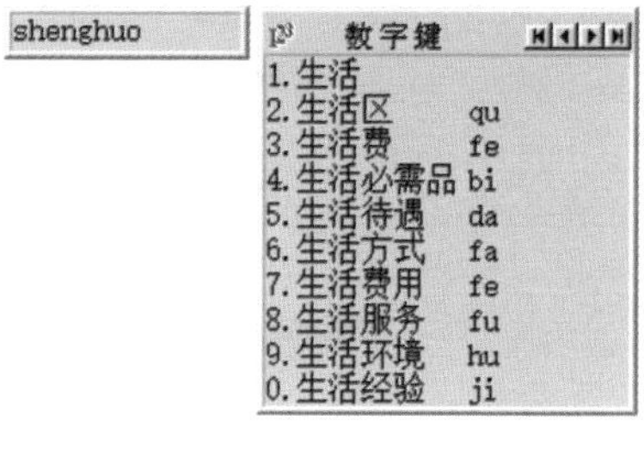

（3）如果想输入词语"生活"，则此时按空格键或按数字键"1"均可；如果想输入其他词语，则按键盘上的与想要键入的词语左边对应的数字键即可。可以按"+"和"-"前后翻页，选择自己需要的汉字。

图4-36

对于专业人员，建议安装并使用"五笔字型输入法"；而对于一般的用户来说，特别是对新手用户，建议使用拼音输入法，比如全拼输入法、智能ABC输入法等。

4.5.4　用全拼输入法打字

全拼输入法是出现较早的一种拼音输入方法，它按照汉语拼音的规律，要求用户每次按照字和词完整输入拼音字母，中间不能缺少任何一个字母。

全拼输入法使用比较简单，只要会用拼音，就可以输入汉字，不需要学习和记忆任何内容。

1. 用全拼输入法输入单字

例如：输入"朱"字。

（1）启动全拼输入法。

（2）当输入"朱"字拼音的第一个字母"z"时，屏幕显示汉字输入的外码窗口和候选窗口，如图4-37所示。

（3）继续输入拼音的其余代码，候选窗口显示现在的重码字，如果输入代码敲错了，可以用"BackSpace"修改。用"+"和"-"键向后向前选择汉字，或者用鼠标单击右上角的控制按钮翻页选择，直到找到"朱"字，如图4-38所示。

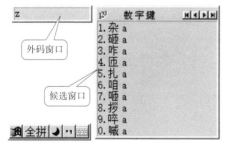

图4-37 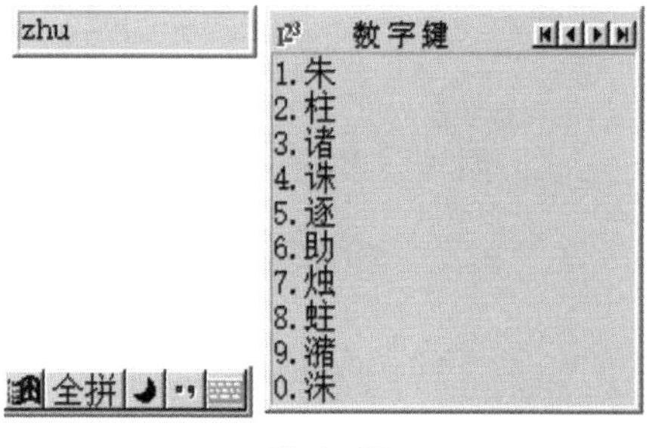　　　　　　　　图4-38

（4）键入"朱"字前面的数字"1"，完成输入。

2. 用全拼输入法输入词组

用全拼输入法输入词组，需要在输入设置中选择"词组输入"和"词语联想"。其输入方法是输入词组中每个字的完整读音。

例1：输入"科学"

启动全拼输入法后，只需要依次输入"科学"的全拼输入码"kexu"，再按空格键即可完成输入。如图4-39所示。

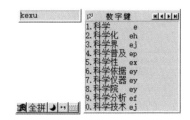

图4-39

例2：几个词组的全拼代码

词组	全拼输入码
阿姨	ay
百货	baihu
北京	beij
不相上下	buxiang
担惊受怕	dangj
科学管理	kexueg
自然风光	ziranf

在上面的全拼输入码中，词语的输入码最多是12个，键入第12个后，该词组自动输入。

4.5.5 用"记事本"学打字——写一篇日记

在Windows操作系统中，"记事本"是一个用来创建简单的文档的基本的文本编辑器。"记事本"最常用来查看或编辑文本（.txt）文件。对于初学电脑的朋友来说，如果电脑中没有安装其他文本编辑器，想练习打字，该怎么办？只要电脑中安装的是Windows操作系统，那就可以使用"记事本"来代替其他文本编辑器来做打字练习。下面用"记事本"来写一篇日记，以介绍其基本使用方法。

1. 输入文字内容

下面输入日记的内容。

（1）打开记事本，在任务栏中选择"全拼输入法"。然后在"记事本"窗口中输入日记标题"机会"，如图4-40所示。

（2）按Enter（回车键）两次换行，然后输入日期及天气，如图4-41所示。

图4-40

图4-41

（3）再按 Enter（回车键）两次换行，接着输入日记的正文："新的时代，是知识的时代，只有善于学习的人，才会掌握更多的知识与资讯。机会属于先知先觉的人，千金难买早知道。"如图 4-42 所示。日记内容就输入完成了。

2. 设置文字格式

"记事本"是一种简单的文本编辑器，所以它的文字格式设置也很简单。在输入文字时，如果不按 Enter（回车键），它是不会自动拆行的，直到输入完这一行文字为止。要查看这一行的全部内容，就只有通过下方的滚动条来实现了。在"记事本"的"格式"菜单中可以设置自动换行，它是以窗口宽行为限的。再有，就是对文字形状和大小的设置。下面对这篇日记作文字格式设置。

（1）设置自动换行。

①单击"记事本"窗口中的"格式"菜单。

②从弹出的菜单中单击选择"自动换行"命令，如图 4-43 所示。

> **提示：** 设置自动换行可以使超出屏幕以外的文字自动换行，使用户可以看见一行的所有文字，但它不影响打印时的文字显示格式。

图 4-42

图 4-43

（2）打开页面设置对话框。

①在"记事本"窗口中单击"文件"。

②从弹出的菜单中单击"页面设置"，如图 4-44 所示。

（3）设置页面大小。在打开的如图 4-45 所示的"页面设置"对话框中，进行如下设置：

①在"纸张"的"大小"中选择纸张大小。

②在"方向"栏中选择文字排列的方向。

③在"页边距"栏中分别设置排列文字区域距页边的距离。

④在"页眉"和"页脚"可以更改页眉和页脚的设置。

⑤单击"确定"按钮，如图 4-45 所示。

> **提示：** 对页面大小的设置，只有在打印该文档时才能看见其效果，在屏幕上是没有效果显示的。

（4）打开设置"字体"对话框。

①单击"记事本"窗口中的"格式"菜单。

②单击"字体"，如图 4-46 所示。

图 4-44

图 4-45

（5）改变字体、字形和大小。

①在"字体"栏中选择一种字体，在这里选择"方正粗黑宋简体"。

②在"字形"栏中选择一种字形。

③在"大小"栏中选择文字的大小，在这里选择"四号"。

④单击"确定"按钮，如图4-47所示。

图4-46

图4-47

提示： 在"记事本"文本编辑器中，对字体、字形和大小的更改将对整个文本中的文字起作用。不能对某一个文字设置字体、字形和大小。

3. 更改记事本中的页眉和页脚命令

在Windows 10中使用"记事本"时，可以删除或更改页眉和页脚。"记事本"中的默认页眉和页脚设置为：

页眉：&f

页脚：Page &p

这两个命令提供页面顶部的文档标题以及底部的页码。

这些设置无法保存，因此，每次想要打印文档时都必须手动输入所有页眉和页脚设置。操作方法为：从"文件"菜单选择"页面设置"，在"页眉"和"页脚"文本框中输入所需命令。如果将页眉或页脚文本框保留为空，则不会打印页眉或页脚。

表4-2是页眉和页脚命令的简短列表。

表4-2　页眉和页脚命令

命　　令	操　　作	命　　令	操　　作
&l	靠左对齐后面的字符	&t	打印当前时间
&c	使后面的字符居中	&f	打印文档名称
&r	靠右对齐后面的字符	&p	打印页码
&d	打印当前日期	—	—

> **提示：** 在记事本中，如果格式设置代码不是页眉文本框中的第一项，则页眉将居中，与使用的格式设置代码无关。例如，要将标题对齐到页面左侧，则使用"&lTitle text"。

4. 保存文件

"记事本"允许以多种不同的格式创建或打开文件，如ANSI、Unicode、big-endian Unicode 或 UTF-8。这些格式允许使用具有不同字符集的文件。

默认情况下，文档将保存为标准的 ANSI 文本。

在"记事本"中保存文件的方法如下：

（1）执行"文件" | "保存"或"另存为"命令，打开"另存为"对话框，如图4-48所示。

图 4-48

（2）选择文档保存的位置，在"文件名"栏中输入文档的文件名，在"编码"栏中选择一种编码方式。

（3）当一切设置完成后，单击"保存"按钮即可。

4.6 使用搜狗拼音输入法打字

搜狗拼音输入法是搜狗（www.sogou.com）推出的一款基于搜索引擎技术的特别适合上网者使用的新一代的输入法产品。本章将以搜狗拼音输入法 10.0 正式版为基础进行讲解，其最新版本请关注搜狗输入法官方网站：https://pinyin.sogou.com。

其下载和安装方法与"4.5.1 下载与安装全拼输入法"介绍的方法类似，只不过从官网下载的不是压缩包，可双击直接进行安装，这里就不赘述了。

4.6.1 启用搜狗拼音输入法

搜狗拼音输入法安装完成后，将被添加在 Windows 系统的输入法选择列表中。单击任务栏右侧的输入法图标，从弹出的列表菜单中选择"搜狗拼音输入法"，即可启用搜狗拼音输入法，如图 4-49 所示。

启动搜狗拼音输入法后，将显示搜狗拼音输入法默认的标准状态条，如图 4-50 所示。

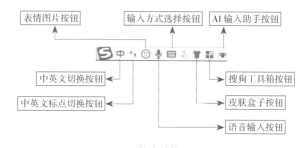

图 4-49   图 4-50

1. 中英文切换按钮

输入法默认是按下"Shift"键就切换到英文输入状态，再按一下"Shift"键就会返回中文状态。用鼠标点击状态栏上面的"中"字图标也可以切换。

除了"Shift"键切换以外，搜狗输入法也支持回车输入英文和 V 模式输入英文，在输入较短的英文时使用能省去切换到英文状态下的麻烦。具体使用方法是：

回车输入英文：输入英文，直接敲回车即可。

V 模式输入英文：先输入"V"，然后再输入要输入的英文，可以包含 @+*/- 等符号，然后敲空格即可。

2. 中英文标点切换按钮

如果当前是中文输入状态，单击该按钮后将切换到标点的英文输入状态，图标由 。, 状态变为 ., 状态。可按"Ctrl+.（句点）"组合键进行切换。

3. 输入方式选择按钮

单击该按钮，就会打开如图 4-51 所示的"输入方式"切换菜单，选择输入方式。

4. 翻页选字

搜狗拼音输入法默认的翻页键是"逗号（，）句号（。）"，即输入拼音后，按句号（。）进行向下翻页选字，相当于 PageDown 键，找到所选的字后，按其相对应的数字键即可输入。推荐用这两

图 4-51

个键翻页，因为用"逗号""句号"时手不用移开键盘主操作区，效率最高，也不容易出错。

输入法默认的翻页键还有"减号（-）等号（=）"，"左右方括号（[ ]）"等，可以通过如下方法进行设置：

（1）使用鼠标右键单击输入法状态栏，在打开的菜单中选择"属性设置"命令，如图 4-52 所示。

（2）在打开的对话框中选择"高级"选项，然后在"快捷键"一栏的"候选翻页"中进行翻页快捷键设定，如图 4-53 所示。

图 4-52

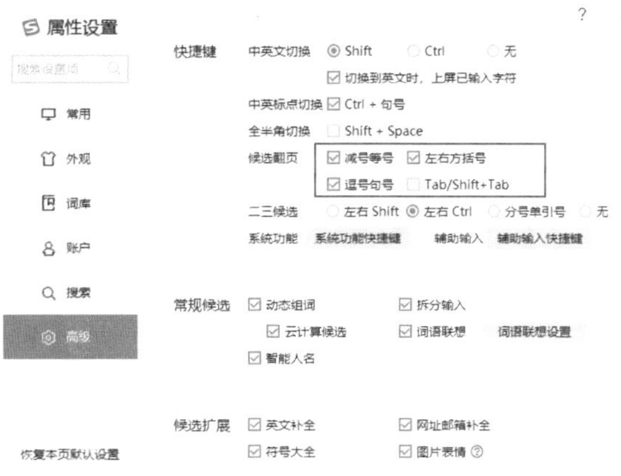

图 4-53

4.6.2　使用全拼输入

全拼输入是拼音输入法中最基本的输入方式。

使用方法如下：

（1）打开文字处理软件（如记事本、Word 等软件）。

（2）使用 Ctrl+Shift 组合键切换到搜狗拼音输入法。

（3）在输入窗口输入拼音，然后依次选择要的字或词即可。可以用默认的翻页键"加号（＋）或减号（－）"来进行翻页。全拼模式如图4-54所示。

图 4-54

4.6.3　使用简拼输入

简拼是输入声母或声母的首字母来进行输入的一种方式，有效地利用简拼，可以提高输入的效率。搜狗拼音输入法现在支持的是声母简拼和声母的首字母简拼。例如：想输入"周红霞"，只要输入"zhx"或者"zhhx"都可以输入"周红霞"。这是一个人名，在词库中可能没有，通过自动造词的方法添加到词库中，就可以使用简拼输入法输入这个词组了。

> 提示： 这里的声母的首字母简拼的作用和模糊音中的"z，s，c"相同。但是，这属于两回事，即使没有设置模糊音，同样可以用"z""s""c"代替"zh""sh""ch"来输入。

同时，搜狗拼音输入法支持简拼全拼的混合输入，例如：输入"srf""shurf""shruf""srfa"都可以得到"输入法"这个词。

有效地使用声母的首字母简拼可以提高输入效率，减少误打。例如，输入"转瞬即逝"这几个字，如果输入传统的声母简拼，只能输入"zhshjs"，如图4-55所示，需要输入多个h容易造成误打。而输入声母的首字母简拼，"zsjs"能很快得到想要的词，如图4-56所示。

图 4-55

图 4-56

另外，由于简拼候选词很多，可以采用简拼和全拼混合输入的模式，这样能够兼顾最少输入字母和保证输入效率。打字很熟练的人会经常使用全拼和简拼混用的方式。

4.6.4 英文的输入

搜狗拼音输入法默认是按下"Shift"键就可以切换到英文输入状态，再按一下"Shift"键就会返回中文输入状态。用鼠标单击输入法状态条上面的"中"字图标也可以切换。

除了"Shift"键切换以外，搜狗拼音输入法也支持回车输入英文和V模式输入英文，在输入较短的英文时使用能省去切换到英文状态下的麻烦。具体使用方法是：

回车输入英文：输入英文，直接敲回车即可。如图4-57所示，输入"Microsoft"，按回车键后就可以输入"Microsoft"。

图 4-57

4.6.5 使用双拼输入

双拼是用定义好的单字母代替较长的多字母韵母或声母来进行输入的一种方式。例如：如果T=t，M=ian，键入两个字母"TM"就会输入拼音"tian"。使用双拼可以减少击键次数，但是需要记忆字母对应的键位，熟练之后效率会有一定的提高。如图4-58所示为搜狗拼音双拼模式字母对应的键位方案。

如果使用双拼输入，需要在搜狗拼音输入法"属性设置"对话框中选择"双拼"拼音模式，如图4-59所示。

图 4-58   图 4-59

特殊拼音的双拼输入规则如下：

①对于单韵母字，需要在前面输入字母 O+ 韵母。

例如：输入 OA → A，输入 OO → O，输入 OE → E，如图 4-60 所示。

②而在自然码双拼方案中，和自然码输入法的双拼方式一致，对于单韵母字，需要输入双韵母，例如：输入 AA → A，输入 OO → O，输入 EE → E，如图 4-61 所示。

图 4-60   图 4-61

4.6.6 使用模糊音

模糊音是专为对某些音节容易混淆的人所设计的。当启用了模糊音后，例如 s<-->sh，输入 "si" 也可以出来 "十"，输入 "shi" 也可以出来 "四"。

搜狗支持的模糊音如下：

声母模糊音：s <--> sh，c<-->ch，z <-->zh，l<-->n，f<-->h，r<-->l；

韵母模糊音：an<-->ang，en<-->eng，in<-->ing，ian<-->iang，uan<-->uang。

设置模糊音的方法为：

（1）在搜狗拼音输入法的状态条中右击鼠标，从弹出的菜单中选择 "属性设置"，如图 4-62 所示。

（2）在弹出的 "属性设置" 对话框的 "常规" 栏中单击 "模糊音设置" 按钮，如图 4-63 所示。

（3）在弹出的 "模糊音设置" 对话框中分别选择要模糊的 "声

图 4-62

母模糊音"和"韵母模糊音",然后单击"确定"按钮,如图 4-64 所示。

图 4-63   图 4-64

(4)回到"属性设置"对话框中单击"确定"按钮。

4.6.7 繁体输入

如果需要输入繁体字,搜狗拼音输入法也可以启动中文繁体输入方式。方法为:在输入法状态条上单击鼠标右键,从弹出的菜单中选择"简繁切换"|"繁体"命令,即可切换到繁体中文输入状态,如图 4-65 所示。如果选择"简体",又可以切换到简体中文输入状态。

图 4-65

4.6.8 网址输入模式

网址输入模式是特别为网络设计的便捷功能,能够在中文输入状态下输入几乎所有的网址。目前的规则是:

（1）输入以www，https，ftp，telnet，mailto等开头的字母时，自动识别进入到英文输入状态，后面可以输入例如www.baidu.com，http://sogou.com类型的网址，如图4-66所示。

（2）输入非www.开头的网址时，可以直接输入，例如abc.abc就可以了，如图4-67所示。

图 4-66   图 4-67

（3）输入邮箱时，可以输入前缀不含数字的邮箱，例如abc@163.com，如图4-68所示。

图 4-68

提示： 如果想在@前面输入数字也可以，但必须是在输入@符号之后，才能将光标移动到前面去输入。

4.6.9 使用笔画筛选输入

笔画筛选用于输入单字时，用笔顺来快速定位该字。使用方法是输入一个字或多个字后，按下Tab键（Tab键如果是翻页的话也不受影响），然后用h横、s竖、p撇、n捺、z折依次输入第一个字的笔顺，一直找到该字为止，该功能只能在全拼模式下使用。五个笔顺的规则同上面的笔画输入的规则相近。要退出笔画筛选模式，只需删掉已经输入的笔画辅助码即可。

例如，快速定位"镕"字，输入了rong后，按下"Tab"，然后输入"铭"的前两笔"ph"，就可定位该字，如图4-69所示。

图 4-69

4.6.10 使用V模式输入中文数字（包括金额大写）

V模式中文数字是一个功能组合，包括多种中文数字的功能，只能在全拼状态下使用。

（1）中文数字金额大小写：输入"v688.84"，输出"六百八十八元八角四分"或者"陆佰捌拾捌元捌角肆分"，如图4-70所示。

（2）罗马数字：输入99以内的数字，则可以输出罗马数字，例如"v22"，可输出"XXII"，如图4-71所示。

图4-70   图4-71

（3）年份自动转换：输入"v2021.1.27""v2021-1-27"或者"v2021/1/27"，可输出"2021年1月27日"或者"二〇二一年一月二十七日"，如图4-72所示。

图4-72

（4）年份快捷输入：输入"v2021n1y27r"，可输出"2021年1月27日"或者"二〇二一年一月二十七日"，如图4-73所示。

图4-73

4.6.11 插入当前日期时间

使用"插入当前日期时间"的功能可以方便快速地输入当前的系统日期、时间和星期。并且还可以使用插入函数的方式自己构造动态的时间。例如在回信的模板中使用。此功能是用输入法内置的时间函数通过"自定义短语"功能来实现的。

由于输入法的自定义短语默认不会覆盖用户已有的配置文件，所以要想使用下面的功能，需要恢复"自定义短语"的默认配置。就是说，如果输入了rq而没有输出系统日期，那么就按如下方法进行操作：

（1）使用鼠标右键单击搜狗拼音输入法状态条，从弹出的菜单中选择"属性设置"。

（2）在打开的"属性设置"对话框中，单击选择"高级"选项卡，再单击"词语联想设置"按钮，如图 4-74 所示。

（3）在弹出的对话框中单击"恢复默认设置"按钮即可，如图 4-75 所示。

图 4-74

图 4-75

> 提示：恢复默认配置将丢失自己已有的配置，请自行保存手动编辑。

输入法内置的插入项有：

（1）输入"rq"（日期的首字母），输出系统日期"2020年11月6日"，如图 4-75 所示。

图 4-76

（2）输入"sj"（时间的首字母），输出系统时间"2020 年 11 月 6 日 03:10:39"，如图 4-77 所示。

图 4-77

（3）输入"xq"（星期的首字母），输出系统星期"2020 年 11 月 6 日 星期五"，如图 4-78 所示。

图 4-78

4.6.12 使用拆字辅助码输入不常用汉字

使用拆字辅助码可以快速地定位到某一个单字。对于重码很多的汉字，使用该输入方式可以快速找到所需要的汉字。例如，输入汉字"橄"，该汉字有很多重码，要翻很多页才能找到。如果要快速地定位该字，则可先输入该字的拼音"xi"，然后按"Tab"键，再输入"橄"的两部分"木""敢"的首字母 mj，就可以看到"橄"字了，如图4-79所示。

图4-79

> **提示：** 独体字由于不能被拆成两部分，所以独体字是没有拆字辅助码的。

4.6.13 更改输入法的皮肤

搜狗输入法从 3.0 公测第一版开始支持可充分自定义的不规则形状的皮肤，包括输入窗口、状态栏窗口都可以进行自由设计。

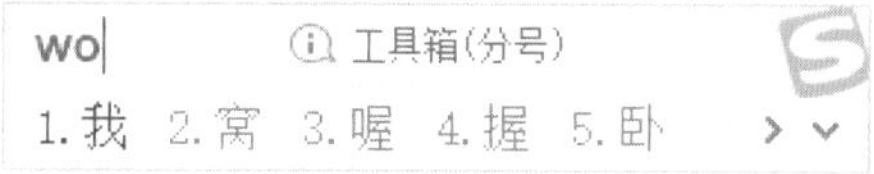

1. 使用现有皮肤

在安装搜狗拼音输入法时，已经默认安装了部分皮肤供用户选择使用。在默认情况下，搜狗拼音输入法使用默认皮肤，如图4-80所示。

图4-80

如果想个性化搜狗拼音输入法的外观，也可以选择使用其他的皮肤，方法如下：

单击输入法状态条中的"皮肤盒子"按钮，从弹出的页面单击要使用的皮肤即可，如图4-81所示。

2. 设置皮肤

通过设置皮肤，可以改变候选窗口中文字的大小以及颜色。

图4-81

具体操作步骤如下：

（1）使用鼠标右键单击搜狗拼音输入法状态条，从弹出的菜单中选择"属性设置"命令。

（2）在打开的"属性设置"对话框中单击"外观"选项卡，切换到"外观"选项卡页面，如图4-82所示。

（3）在"外观"选项卡页面的"皮肤设置"栏中，可以对搜狗拼音输入法外观的皮肤进行各种设置，比如，要使用默认皮肤，那么就取消对"使用皮肤"复选框的选择，在下方的预览区将显示默认皮肤样式，如前面的图4-82所示。

（4）如果想改变候选窗口中字词颜色、字体和大小，则分别在"更换颜色"栏、

"更换字体"栏、"字体大小"栏中进行设置，在下方的预览区将显示改变后的效果，如图4-83所示。

图 4-82   图 4-83

（5）如果想更改其他固定皮肤上的颜色和字体，应首先选中"使用皮肤"复选框，然后从右侧的下拉菜单中选择皮肤，如图4-84所示。然后再分别选中"更换颜色""更换字体""字体大小"复选框即可进行更改，方法同上。

图 4-84

4.6.14 修改候选窗口中字词显示的数量

搜狗拼音输入法默认的是 5 个候选字词，如果觉得显示的字词太少的话，可以对这个数值进行修改，但选择范围是 3 ~ 9 个，如图4-85所示为 5 个候选词和 9 个候选词显示的候选窗口。

图 4-85

修改候选词显示个数的操作方法如下：

（1）在搜狗拼音输入法状态条上右击鼠标，从弹出的菜单中选择"属性设置"命令。

（2）在弹出的"属性设置"对话框中单击"外观"选项卡，切换到"外观"选项卡页面，单击"候选项数"右侧的 ∨ 按钮，从弹出的列表中选择数值，如图4-86所示。

图 4-86

> **提示：** 搜狗输入法首词命中率和传统的输入法相比已经大大提高，第一页的5个候选词能够满足绝大多数时的输入。推荐选用默认的5个候选词。如果候选词太多，会造成查找时的困难，导致输入效率下降。

4.6.15 使用自定义短语快速输入常用词

自定义短语是通过特定字符串来输入自定义好的文本。具体操作步骤如下：

（1）在搜狗拼音输入法状态条中右击鼠标，从弹出的菜单中选择"属性设置"命令。

（2）在弹出的"属性设置"对话框中单击"高级"选项卡，切换到"高级"选项卡页面，选中"自定义短语"复选框，再单击"自定义短语设置"按钮，如图4-87所示。

（3）在弹出的"自定义短语"对话框中，单击"添加新定义"按钮，如图4-88所示。

图 4-87   图 4-88

（4）在弹出的"添加新定义"对话框的"缩写（大小英文字符）"栏下方的输入框中输入自定义短语的缩写，比如，这里输入"gsyg"；在"候选位置"框中，为了提高输入速度，一般选择 1；在"支持多行文本，最长 3 万个汉字或英文字符"下方的输入框中输入短语，支持多行、空格，其中回车为两个字符。如果想继续添加，则单击"确定并继续添加"按钮，最后单击"确定"按钮完成自定义短语的添加，如图 4-89 所示。

（5）回到上级对话框后，就可以看到刚才添加的短语，如图 4-90 所示。最后单击"确定"按钮进行保存。

图 4-89

图 4-90

（6）回到"属性设置"对话框后，单击对话框右上角的"关闭"按钮×结束自定义短语。

以后只要输入自定义短语的缩写，就可以输入自定义的短语了。比如，前面定义的 gsyg（要采购的物品清单），就可以输入定义的采购的物品清单，如图 4-91 所示。

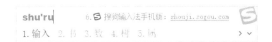

图 4-91

4.6.16　更改显示设置

搜狗拼音输入法有两种显示风格：横排（搜狗风格）和竖排（全拼输入法和智能 ABC 输入法风格）。默认情况下使用搜狗风格，在该输入风格下，将使用候选项横式显示、输入拼音直接转换（无空格）、启用动态组词、使用逗号句号翻页，候选项个数为五个。

搜狗默认风格适用于绝大多数的用户，即使长期使用其他输入法直接改换搜狗默认风格也会感到很快上手。当更改到此风格时，将同时改变以上五个选项，当然，这五个选项可以单独修改，以使用适合自己手感的习惯。如图 4-92 所示为搜狗风格候选字窗口。

shu'ru　　6. ⑤搜狗输入法手机版：shouji.sogou.com
1. 输入　2. 书　3. 数　4. 树　5. 属　　　　>　∨

图 4-92

为充分照顾智能 ABC 用户的使用习惯，搜狗拼音输入法已设计了"智能 ABC 风格"。在智能 ABC 风格下，将使用候选项竖式显示、输入拼音空格转换、关闭动态组词、不使用逗号句号键翻页，候选项个数为 9 个。

智能 ABC 风格适用于习惯使用多敲一下空格出字、竖式候选项等智能 ABC 的用户，当更改到此风格时，将同时改变以上五个选项，当然，这五个选项可以单独修改，以使其适合自己手感的习惯。如图 4-93 所示为搜狗拼音输入法中智能 ABC 输入风格的候选字窗口。

那么，如何转换输入风格呢？方法如下：

（1）在搜狗输入法状态条上单击鼠标右键，从弹出的菜单中选择"属性设置"命令。

（2）打开"属性设置"对话框后，单击"外观"选项切换到"外观"选项卡，如图 4-94 所示。

图 4-93

图 4-94

（3）在"显示设置"栏中列出了搜狗拼音输入法的两种输入风格：横排或竖排。选择要使用的显示风格，然后单击对话框右上角的"关闭"按钮 ✕ 即可。

4.6.17 设置第二、第三位候选字按键

一般情况下，按空格键输入第一位候选窗口中的字，如果要选择第二、第三位候选窗口中的字，有没有快捷键呢？当然有，搜狗拼音输入法可以使用左右 Shift 键或左右 Ctrl 键来选择第二、第三位候选字。设置第二、第三位候选字按键的方法如下：

（1）使用鼠标右键单击搜狗输入法状态条，从弹出的菜单中选择"属性设置"命令。

（2）打开"属性设置"对话框后，单击"高级"选项卡，切换到"高级"选项卡页面，在"快捷键"栏的"二三候选"项的下方列出了四个选项："左右 Shift""左右 Ctrl""分号单引号""无"，如图 4-95 所示。

图 4-95

（3）选择相应的选项后，单击对话框右上角的"关闭"按钮 ✕ 关闭对话框即可。

4.7　使用五笔输入法学打字

本节将为读者详细介绍汉字编码基础、五笔字根的区和位、五笔字根，字根在键盘上的分布规律与助记词，拆分与输入汉字以及使用五笔输入简码和词组等相关知识和技能。

本节以王码 86 版 64 位为基础进行讲解，可以参考下载地址：https://mydown.yesky.com/pcsoft/406780.html。

4.7.1　汉字编码基础

1. 汉字的三个层次

汉字分为三个层次：笔画、字根、单字。也就是说由若干笔画符合链接交叉形成相对不变的结构组成字根，再将字根以一定位置关系拼合起来构成汉字。五笔字型很多地方不遵从人们的习惯书写顺序，但它是一种以字根为基本单位组字编码、拼形的比较高效的汉字输入法。

2. 汉字的五种笔画

所谓笔画，是在书写汉字时一笔写成的一条连续不断的线段。五笔字型中的"笔画"是以下面的条件为前提的：

（1）按楷书字形而非其他如行书、草书等字形；

（2）按图像标准字形；

（3）按简化后的新字形。

笔画是字根的构成基础，而字根才是组成汉字单字的最重要、最基本的单位。那么，笔画究竟有几种呢？笔画的基本形式是点和线，点和线在汉字里的位置不同，有一些笔画变形，将笔画的基本形式和变形合在一起，就会形成其他不同的形体。在五笔输入法中，按照汉字笔画的定义，只考虑笔画的运笔方向，而不计其轻重长短，从而将笔画划分为五种：横、竖、撇、捺、折。为了便于记忆和应用，可根据它们在汉字中所使用频率的高低，依次用 1、2、3、4、5 作为代号，代表这五种笔画。

> **提示：** 对于笔画的识别要特别注意，不要把一个笔画切断分为两个笔画。如"口"字的第二笔应为"𠃌"，在书写过程中没有停顿，而不能把它分割为"一"和"丨"两个笔画。

在五笔字型输入法中，对其笔画的规定如表 4-3 所示。

表 4-3　汉字的五种笔画

代号	笔画名称	笔画走向	笔画及变形笔画
1	横	从左到右	一（横）╱（提）
2	竖	从上到下	丨（竖）亅（竖左钩）
3	撇	从右上到左下	丿（撇）
4	捺	从左上到右下	㇏（捺）、（点）
5	折	带转折	各种带转折的笔画。如乙、乛、乚、弓、㇄、㇆、㇄、㇅等

在表 4-3 中，数字 1、2、3、4、5 分别表示不同的笔画，即不同的区。其中有几个特殊的笔画规定需给大家说明：

"横"笔画中除了一般的横以外，提笔视为横，因为其笔画走向从左到右。如"刁"字的末笔画"╱"视为"横"。

"竖"笔画中，除了一般的竖以外，竖左钩属于竖。如"则"右边的"刂"视为"两竖"。

"捺"笔画中除了一般的标准一长捺外，一点均为捺，因为点的笔画走向跟捺相同。如"太"字的末笔"、"就视为"一捺"，"术"字的末笔"、"也视为"一捺"。

在"折"笔画中，除竖左钩外，竖右钩为折，一切带拐弯的笔画都归为折类。

实际汉字的笔画没有这么简单，除这五种笔画外，还有多达十种的其他笔画。根据汉字的演变和发展，可以把这十多种笔画都划为上述五种基本笔画。

下面针对这五种笔画具体讲解一下某些变形笔画。

（1）横。

凡运笔方向从左到右和从左下到右上的笔画都包括为"横"中，这和实际写汉字时是统一的。在"横"这种笔画内，把"提笔"视为"一横"。例如："刁""羽"两字的末笔为"提"都视为横，"现""特""冷"各字的左边末笔都为"提"，也视为横。所以习惯上就把"提"和"横"划

为同一类了。

（2）竖。

凡运笔方向从上到下的笔画都包括在"竖"笔画中，在"竖"这种笔画内，包括了竖左钩。可以仔细看一下自己写的字，在很多时候左钩都不写了，而用竖来代替，所以把这两种笔画归为同一类。如"才""则""了""子"等的"刂"都为"丨"。

（3）撇。

凡从右上到左下的笔画归为一类，称为"撇"。如"生""禾""川""知""毛"等字的起笔都为一撇。

（4）捺。

凡从左上到右下的笔画都归为"捺"，它包括"捺"和"点"。一点都规定为一捺，如"术""太""学""家""文""方""心""冗"各字中的点包括"宀"中的左点都为捺。将点包括到捺中，主要是考虑点的走向也是从左到右下，其次在习惯上也经常把捺缩小为一点。例如："木"字最后一笔是捺，但是在作为偏旁部首时则将"木"字常写成"朩"，最后一笔就成点了。

（5）折。

把所有带转折的笔画（除了竖左钩以外）都规为"折"。例如："乃"字的"㇄"，"亿"字的"乙"，"与"字的"㇈"，"几"字的"乚"都视为折笔画。

上述五种笔画的变形体不拘一格，有

时竖笔画可以拉得长，撇笔画并不明显倾斜，折笔画则几乎包含了一切有折笔走向的笔画。在判断笔画属于哪种类型时，要特别注意按运笔方向去判断。

掌握好基本笔画的定义，可为输入成字字根和判断末笔字型交叉识别码打下良好的基础。

3. 汉字的三种字型

汉字是一种平面图形的文字。同样几个字根，摆放位置不同，就可能成为不同的字。例如："叽"与"只"，"吧"与"邑"。

从上面两个例字可以看出，字根的位置关系是汉字的一种重要特征信息。这个"字型结构"信息在五笔字型输入法中很有作用。

五笔字型根据构成汉字的各字根之间的位置关系，可以将成千上万的方块汉字分为三种类型：即左右型、上下型和杂合型。并依次给每种字型结构规定一个代号，如表4-4所示。

表4-4　汉字的三种字型结构

笔画代号	字型结构	图　　示	字　　例
1	左右	▯ ▯▯ ▯ ▯▯	汉、树、动、模
2	上下	▤ ▤ ▦ ▤	字、常、花、货
3	杂合	⊠ ▣ ▣ ▣ ▣ ▣	困、凶、这、司、乘、本、天、且

在五笔字型输入法中，汉字是由若干字根按照上述三种结构类型排列而成的，如表中的"汉"字是由字根"氵"和"又"组成，而"树"字是由字根"木""又""寸"组成。

（1）左右型。

左右型的笔画代号为1，其字根与字根之间有一定的间距，总体左右排列。例如：划、结、组、排、种、如、汉、治、法、胆、动、谈、轻、胡、理。

（2）上下型。

上下型的笔画代号为2，其字根与字根之间有一定的距离，总体是从上到下进行排列。例如：类、吉、共、草、离、学、党、堂、分、楚、花、炎、想、导、员、架。

（3）杂合型。

杂合型的笔画代号为3，除左右型、上下型以外所有的汉字都属于杂合型。某些杂合型汉字的字根与字根之间虽有一定的间距，但不分上下、左右或者浑然一体不分块。例如：回、连、未、末、束、事、团、国、这、尾、同、进、千、成、万、夹。

另外，对于杂合型结构的汉字还有一些特殊规定：

①内外型的汉字一律规定为杂合型。例如：边、团、同、尾、国、连等汉字，每个汉字的各部分之间都存在一种包围和被包围的关系，像这类半包围及全包围的汉字都规定为杂合型。

②一个基本字根与一个单笔笔画相连所构成的汉字也规定为杂合型。例如：户、千、生、万、天和自等。

③一个基本字根之前或之后带有孤立点的汉字也规定为杂合型。例如：刁、勺、太、术、主和文等。

④几个基本字根交叉套叠之后所构成的汉字也规定为杂合型。例如：未、末、束、里、果、申、出、事和夹等。

4.7.2 五笔字根的区和位

1. 认识键盘的区和位

在如图 4-96 所示的字根键位图中可以看到，每个字母键上都有一个相应的两位数的阿拉伯数字编码。这个编码的来源原理是：在五笔字型中，根据键盘的布局特点，并结合操作方便性，将其 26 个英文字母键除 Z 键外每 5 个字母键分成一个组即一个区，即横区、竖区、撇区、捺区及折区共 5 个区。

图 4-96

在五笔字型的键盘分布中，每个区分配一个区号，作为该键编码的十位数，各区区号如表 4-5 所示。每区的字母键在该区的位数作为该键编码的个位数。例如：G 键的编码为"11"，因为 G 键在横区即第一区，所以区号为 1（十位数），G 键又在该区的第 1 位，所以位号为 1（即个位数），因此，G 键的编码即是"11"。又如 M 键的编码为"25"，因为 M 键在竖区，所以区号为 2（十位数），M 键又在该区的第 5 位，所以位号为 5（即个位数），因此，M 键的编码为"25"。

表 4-5 区及区号规定

区　　名	区号（区号作该区各键的十位数）
横区（第一区）	1
竖区（第二区）	2
撇区（第三区）	3
捺区（第四区）	4
折区（第五区）	5

2. 使用区位号定位键位

通过每个字母键的区位号编码，就可知道该键在第几区第几键。例如：G 键可以说在第一区第一位（或者说在横区一位）；F 键可以说在第一区第二位（或者说在横区二位）；其他键可按同样的方法依次分析。

4.7.3 认识五笔字根

在五笔字型输入法中，笔画只是作为五笔字型分析的一个基础。五笔汉字最终是以字根为基本单位来进行编码的，而笔画只是起辅助作用。

所谓字根就是由笔画构成的相对不变的结构，它是组成汉字的最基本单位，也是构成汉字的灵魂。这些相对不变结构的种类、数量及名称都不统一。从汉字编码应用角度考虑，王永民教授经过大量统计和反复试用最后优选出了 125 种字根，加 5 种基本笔画字根共 130 种。

在这 130 个字根中，大多数字根是由汉字的偏旁部首演变而来的，字根按一定的位置关系经过拼形组合便构成了汉字。它们按一定的结构规律被安排在 25 个英文字母键位上，形成了字根键位表，如图 4-97 所示即为五笔字根键盘分布图。

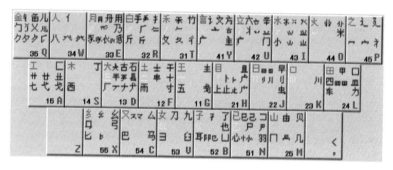

图 4-97

字根大部分是新华字典上的偏旁部首，也有一些不同。五笔输入法的原理就是：每个汉字由字根组成，例如"好"字由字根"女"和字根"子"组成，"们"由字根"亻"和字根"门"组成，所以如果能记住每个字根分布在哪个字母键上，那么打汉字便是很容易的事了。

1. 基本字根

在五笔字型编码输入法中，选取了组字能力强、出现次数多的 130 个左右的部件作为基本字根，其余所有的字，包括那些虽然也能作为字根，但是在五笔字型中没有被选为基本字根的部件，在输入时都要经过拆分成基本字根的过程。

2. 认识键名字根

五笔字型的键名字根一共有 200 个左右，分布在键盘的 25 个字母上，平均每个区位号有七八个字根，为了便于记忆，在每个区位中选取一个最常用的字根作为键的名字。键名字根既是使用频率很高的字根，同时又是很常用的汉字。比如 G，区位号为 11，它的基本字根有"王""圭""五""一"等，就选取"王"作为键名字根。

接下来看一下各个区位上的键名字根：

1 区从右向左分别为：王、土、大、木、工。

2 区的键名字根是：目、日、口、田、山。

3 区都是以撇开头的：禾、白、月、人、金。

4 区都是以捺开头的：言、立、水、火、之。

5 区都是以折开头的：已、子、女、又、纟。

3. 认识成字字根

在五笔字型字根总表中，除了键名字根外，本身又是汉字的字根，称为成字字根。比如"马""手""刀"等。这样的成字字根一共有 65 个，但这些字经常要输入，所以需要掌握其输入方法。

4.7.4　字根在键盘上的分布规律

为了记住字根总表，还需要了解字根的安排规律。

1. 字根的首笔与区号一致，次笔与位号一致

字根的第一笔画的代号与区号是相同的，第二笔画的代号与位号也是相同的，因此这个字根就在某区某位上。例如：

土：首笔为横（"一"），而横的代号为1，因此这个字根在第一区；次笔为竖（"丨"），而竖的代号为2，因此这个字根在第2位上。合起来就是"土"这个字根，在第一区第二位上，即在F键上，字根区位代码为"12"。

大：首笔为横（"一"），而横的代号为1，因此这个字根在第一区；次笔为撇（"丿"），而撇的代号为3，因此这个字根，在第3位上。合起来就是"大"这个字根，在第一区第三位上，即在D键上，字根区位代码为"13"。

文：首笔为点，即五笔字型中的"捺"，捺的代号为4，因此这个字根在第四区；次笔为横（"一"），而横的代号为1，因此这个字根在第1位上。合起来就是"文"这个字根，在第一区第一位上，即在Y键上，字根区位代码为"41"。

2. 字根的首笔与区号一致，笔画数目与位号一致

字根的第一笔画的代号与区号是相同的，字根的笔画数目与位号是相同的，因此这个字根就在某区某位上。例如：

"一"：首笔为横（"一"），而横的代号为1，因此这个字根在第一区；只有一个笔画，因此这个字根在第1位上。合起来就是"一"这个字根，在第一区第一位上，即在G键上，字根区位代码为"11"。

乙：首笔为折（"乙"），而折的代号为5，因此这个字根在第5区；只有一个笔画，因此这个字根在第1位上。合起来就是"乙"这个字根在第五区第一位上，即在N键上，字根区位代码为"51"。

表4-6中列出的部分字根是这种安排规律的典型字根，这些字根中除单笔画字根外，其余的字根可称为复笔画字根，是单笔画字根的重复，单笔画字根与复笔画字根统称为笔画字根。

表4-6　笔画字根

	1位	2位	3位	4位	5位
1区	一	二	三	木	工
2区	丨	刂	川	囗	冂
3区	丿	彡	彡	人	金
4区	丶	冫	氵	火	之
5区	乙	巛	巛	又	弓

记住字根助记词（助记口诀），对于提高汉字输入速度十分重要；相反，如果记不住或记不准，则必定会影响汉字输入速度。初学者在学习五笔字型汉字输入时，一看见字根总表及助记词中有那么多的内容，心里就犯难，怕学不好五笔字型。其实，只要不是单纯地背口诀，而是把助记词的记忆体现在训练中，在较短的时间内就会熟悉字根总部表的。也就是说，在刚开始学五笔字型时，要有信心，不要怕困难，见字就想拆分，反复训练，仔细理解，同时还应仔细观察字根总表和键盘布局图，以寻找自己独特的记忆方法和技巧，字根的分布规

律就是重要的一个环节。只要这样坚持下去，学好五笔字型输入法是必定会成功的。

3. 与主要字根形态相近或渊源一致

与同一键位上的主要字根在外形上比较接近或相似，或者是与某个字根的渊源一致即它们的说法、出处或意思相一致。例如：

"水"字根在43键（I键）上，而在中文中"氵"为三点水，故这两个字根安排在同一个键上，此外还有另外两个"水"的变形。

"耳"字根首笔为横，按理应在第一区，但实际上却在52键（B键）上，是因为"耳"与"卩""阝"为同一个意思，故将它与"卩""阝"这两个字根安排在同一键上。

形态相近的或渊源一致的字根还有很多，如：

"王"与"五"形态相近

"士"与"土""干""十"形态相近

"大"与"犬"形态相近

"人"与"亻"渊源一致

4. 个别例外的字

有部分字根的笔画特征与所在区号不符，且与其他字根间缺乏联想。例如：

"车"在24键（L键）上，"车"的繁体字"車"与"田""甲"相近，所以与"田""甲"待在一起。

"力"在24键（L键）上，"力"的读音为LI，声母为"L"。

"心"在51键（N键）上，"心"字的最长一笔画为折笔，放在51键（N）上。

"几"首笔为"丿"，但被安排在25键（M键）上，是因为它们在对应的"区""位"里，引起大量重码，不受欢迎，加上外形与"门"相近，二者放在一个键上也算有个伴。

熟记字根表还有一个关键是多做书面的拆分编码练习。甚至不摸一下电脑，也可以把"五笔字型"编码记住。如果做了几百个常用字的拆分编码，25个键位的字根表自然就滚瓜烂熟了，这如同一个人要死记硬背几十个人的名单很吃力，但只要跟这些个人在一起交谈一段时间，就能把人与名字对起来一样。

4.7.5 字根助记词

要记住130个汉字字根并分清楚哪些字根在哪个键位上，确实有一定的难度。为了便于学习和掌握字根，王永民教授对每一区的每一个键位上的字根都编写了一首助记诗词，不但押韵上口，而且还有助于理解和记忆各键位上的字根。助记诗歌共有五首，每区一首。

下面，就针对这些键上的助记词给大家进行分析，帮助字根的记忆和理解。

提示：每个键位上的助记词的第一个字，即是该键所对应的"键名字"。

1. 第1区字根口诀（对应的键位如图4-98所示）

王旁青头戋（兼）五一，土士二干十寸雨。

大犬三羊古石厂，木丁西。

工戈草头右框七。

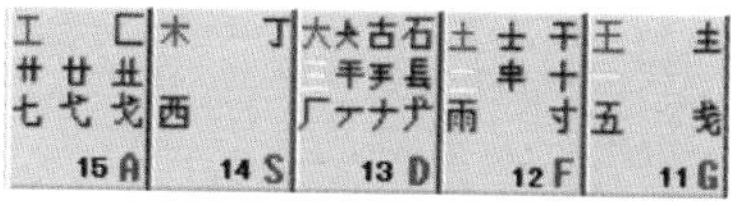

从图4-98可以看到，第1区字根是A、S、D、

图 4-98

F 和 G 这五个键位上的字根分布，可根据表 4-7 中的字根口诀理解与分析进行记忆。

表 4-7

键位	字根口诀	理解与分析
王 主 五 戋 11 G	王旁青头戋（兼）五一	"王旁"为偏旁部首"王"； "青头"是指青字的上半部分，即字根"龶"； "兼"与"戋"字同音； "五一"指字根"五"和"一"
土 士 干 中 寸 雨 12 F	土士二干十寸雨	助记词中所有的七个字都是字根，只要把这句话记住就可以。另在 F 键上有一个特殊的字根即"卆"，需死记，如"革"字的下面就是该字根
大犬古石 羊ナ古 厂ナ犭 13 D	大犬三手（羊）古石厂	各字都是字根，字根"手"是"羊"字的下半部分，另外它的变形字根为"扌"；字根"丆""ナ"是"厂"字根的变形；字根"ナ"是"犬"字根的变形。另特殊字根"镸"需强记
木 丁 西 14 S	木丁西	指"木""丁""西"三字根在 14 号键即 S 键
工 匚 艹 廿 廾 七 弋 戈 15 A	工戈草头右框七	"草头"即"草"字上部分即字根"艹"，字根"廿""廾""艹"都为字根"艹"的变形；字根"弋"是字根"戈"的变形；右框即是开口方向向右的框即字根"匚"

2. 第 2 区字根口诀（对应的键位如图 4-99 所示）

目具上止卜虎皮，日早两竖与虫依。

口与川，字根稀，田甲方框四车力。

山由贝，下框几。

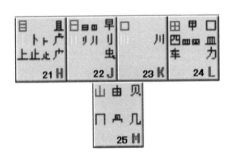

图 4-99

从图 4-99 可以看到，第 2 区字根是 H、J、K、L 和 M 这五个键位上的字根分布，可根据表 4-8 中的字根口诀理解与分析进行记忆。

表 4-8

键位	字根口诀	理解与分析
 目 且 广 卜卜 广 上止止 广 21 H	目具上止卜虎皮	"具上"指具字的上部"且"； "虎""皮"分别指字根"广"、"广"； 字根"止"、"卜"分别是字根"止""卜"的变形
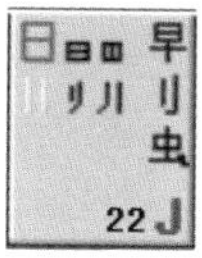 日曰曰 早 刂川 刂刂 虫 22 J	日早两竖与虫依	J 键中，字根"曰""曰"是字根"日"的变形；字根"刂""川""刂"是两竖字根即"刂"的变形
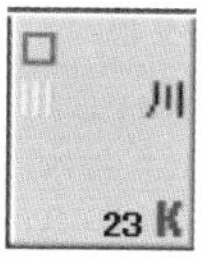 口 川 23 K	口与川，字根稀	字根稀是指 K 键上只有"口"与"川"字根，显得稀少。而字根"川"是字根"川"的变形
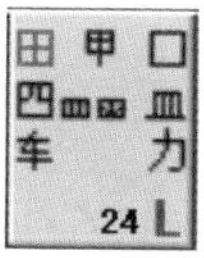 田 甲 口 四罒罒 皿 车 力 24 L	田甲方框四车力	"田""甲""四""车""力"都是 L 键的字根。字根"罒""罒""皿"是字根"四"的变体；"方框"指字根"口"。这里的方框字根要与 K 键上的"口"字根区分开。"口"一般是"口"字偏旁；而"方框"一般指带有方框的全包围字中的"口"，如国、圆、园、圈、回、囱等
 山 由 贝 冂 几 几 25 M	山由贝，下框几	汉字"山""由""贝""几"都是字根，"下框"是指开口方向朝下的框即字根"冂"，特殊字根"几"需强记

3. 第 3 区字根口诀（对应的键位如图 4-100 所示）

禾竹一撇双人立，反文条头共三一。

白手看头三二斤，月彡（衫）乃用家衣底。

人和八，三四里。

金勹缺点无尾鱼，犬旁留叉儿一点夕，氏无七（妻）。

| 金钅鱼儿 勹犭义几 勹夕夂匚 35 Q | 人亻 乃 八癶祭 34 W | 月冂丹用 乃 豕豕伙豕 33 E | 白手手扌 广 斤斤 32 R | 禾禾竹 ⺧ 夂夂彳 31 T |

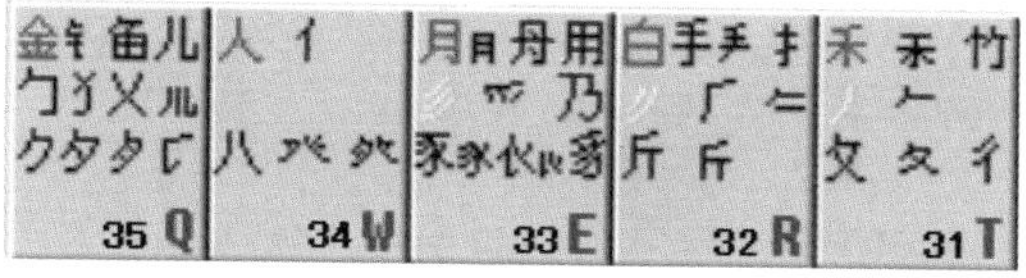

图 4-100

从图 4-100 可以看到，第 3 区字根是 Q、W、E、R 和 T 这五个键位上的字根分布，可根据表 4-9 中的字根口诀理解与分析进行记忆。

表 4-9

键位	字根口诀	理解与分析
 禾 禾 竹 人 攵 夂 亻 31 T	禾竹一撇双人立， 反文条头共三一	"双人立"即指字根"亻"；"反文条头"即指字根"攵"和"夂"，"人"满足首笔定区、次笔定位的特点；"共三一"指前面这些字根在代码为31的键位上
 白 手 扌 彐 广 斤 斤 32 R	白手看头三二斤	"看头"指"看"字上部即字根"手"；字根"扌"与"手"来源相同；字根"彡""广""彐"需强记
 月 月 舟 用 皿 乃 豕 衣 以 衤 33 E	月彡（衫）乃用家 衣底	"月""彡""乃""用"本身就是字根；"家衣底"是"家"字与"衣"字的下部，即字根"豕"和"衣"；而字根"丯""豕"是字根"豕"的变形；字根"衤"是字根"衣"的变形；字根"皿"是字根"彡"的变形
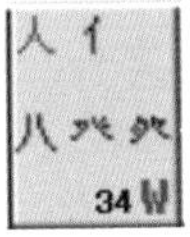 人 亻 八 ^ 癶 34 W	人和八，三四里	字根"人"与"八"在代码为34的键位上。字根"亻"与"人"来源相同；字根"癶""^"是字根"八"的变形字根
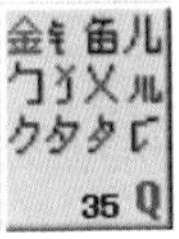 金 钅 鱼 儿 勹 犭 乂 川 夂 夕 夕 匚 35 Q	金勹缺点无尾鱼，犬 旁留乂儿一点夕，氏 无七（妻）	字根"钅"与"金"同源；"勹缺点"指"勹"字中少一点即指字根"勹"；"无尾鱼"指"鱼"字少一横即指字根"鱼"；"犬旁留乂儿"指字根"犭""乂""儿"，而字根"川"是字根"儿"的变形；"一点夕"指字根"夕"，而字根"夂""夕"是字根"夕"的变体；"氏无七"指"氏"字少一个"七"字即指字根"匚"

4. 第4区字根口诀（对应的键位如图4-101所示）

言文方广在四一，高头一捺谁人去。

立辛两点六门疒（病），水旁兴头小倒立。

火业头，四点米。

之字军盖建道底，摘礻（示）衤（衣）。

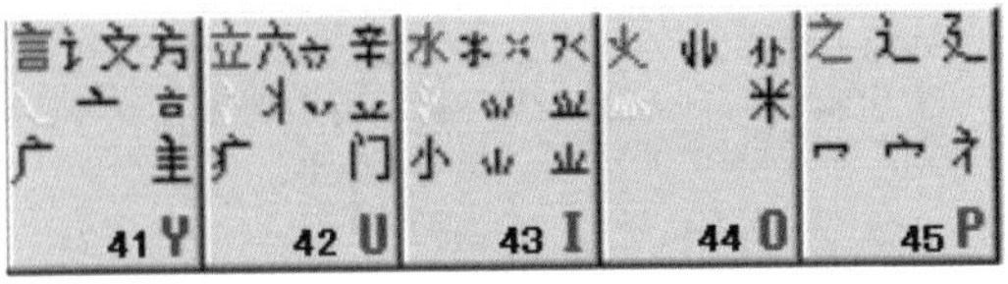

言 讠 文 方 亠 一 言 广 41 Y	立 六 辛 丷 广 门 42 U	水 氺 氵 氺 小 业 业 43 I	火 业 业 米 44 O	之 辶 廴 一 宀 礻 45 P

图 4-101

从图4-101可以看到，第4区字根是Y、U、I、O和P这五个键位上的字根分布，可根据表4-10中的字根口诀理解与分析进行记忆。

表 4-10

键位	字根口诀	理解与分析
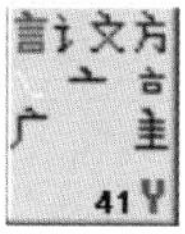 言讠文方广 亠 吉 圭 41 Y	言文方广在四一,高头一捺谁人去	"言文方广在四一"是指字根"言文方广"在代码为41的键位上,字根"讠"与字根"言"同源;"高头"指"高"字的上部即字根"亠";"一捺"即指字根"丶"和"丶";"谁人去"指"谁"字去掉"讠"和"亻"偏旁,即指字根"圭";另字根"亠"需强记
 立六辛 丬丷亠 疒 门 42 U	立辛两点六门疒(病)	"立""辛""六""门""疒"都是U键上的字根,字根"亠"是字根"立"的变形;"两点"即指两点水字根"冫",字根"丬""丷""亠"是字根"冫"的变形字根
 水氺氺 丷 业 小 业 业 43 I	水旁兴头小倒立	"水旁"指三点水字根即"氵",字根"水"与"氵"来源相同;而字根"水""氺""氺"是字根"水"的变形,字根"丷"是字根"氵"的变形;"兴头"指"兴"字的上部,即指字根"丷",字根"业"是字根"丷"的变形;"小倒立"即指字根"小"及"业"
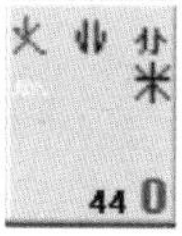 火 业 小 米 44 O	火业头,四点米	"火业头"即指字根"火"和"业",而字根"小"是字根"业"的变形;"四点米"即指字根"灬"和"米"两个
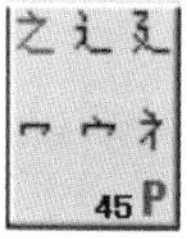 之 礻 衤 宀 宀 礻 45 P	之宝盖,摘礻(示)衤(衣)	"之宝盖"即指字根"之"和"宀",而"礻""宀"分别与字根"辶""宀"形状相似,所在在同一键;"摘礻(示)衤(衣)"指去掉"礻"及"衤"的一点和两点,即指字根"衤"

5. 第5区字根口诀(对应的键位如图4-102所示)

已半巳满不出己,左框折尸心和羽。
子耳了也框向上,女刀九臼山朝西。
又巴马,丢矢矣。
慈母无心弓和匕,幼无力。

图 4-102

从图4-102可以看到,第5区字根是X、C、V、B和N这五个键位上的字根分布,可根据表4-11中的字根口诀理解与分析进行记忆。

表 4-11

键位	字根口诀	理解与分析
已巳己コ 尸尸 心忄忄羽 51 N	已半巳满不出己， 左框折尸心和羽	"已半巳满不出己"主要讲解了"已""巳""己"三字根的左框与其竖弯钩笔画之间的关系；"左框"指开口方向朝左的框即字根"コ"；"折"指折笔画的字根即"乙"；"尸心和羽"指"尸""心""羽"三字根，字根"尸"是字根"尸"的变体，字根"忄"与"心"同源，字根"忄"是"心"的引申及变形
子孑了 耳阝阝山 52 B	子耳了也框向上	"子耳了也"都是 B 键上的字根，其中，字根"阝"与"耳"同源，而"阝"是"阝"的变体，字根"孑"是"子"的变体；"框向上"指开口方向朝上的框即字根"山"；另记住 B 键上有两折字根即"巜"，字根"乚"需强记
女刀九 ヨ臼 53 U	女刀九臼山朝西	"女刀九臼"都是 V 键上的字根，"山朝西"指字根"ヨ"；另记住 V 键上有三折字根即"巛"
又スマ厶 巴马 54 C	又巴马，丢矢矣	"又巴马"都是 C 键上的字根；"丢矢矣"指"矣"字去掉下部分即字根"厶"；字根"ス""マ"是字根"厶"的变体
乡幺幺 口匕乙 55 X	慈母无心弓和匕， 幼无力	"慈母无心"指"母"字去掉一个横放的"忄"即指字根"口"，"弓和匕"指字根"弓"和字根"匕"两个；"幼无力"指"幼"字去掉"力"即指字根"幺"，而字根"乡""幺"都是"幺"的变体

4.7.6 汉字拆分

1. 字根的结构关系

字根间的结构关系可以概括为四种类型：单、散、连、交。

（1）"单"结构。

单就是指这个字根本身就是一个汉字。包括五种基本笔画"一""丨""丿""丶""乙"，25 个键名字根和字根中的汉字。比如"言""虫""寸""米""夕"等。这些字根和其他字根没有关系，所以称为"单"。

（2）"散"结构。

散就是指构成汉字的字根不止一个，且汉字之间有一定的距离。比如"苗"字，由"艹"和"田"两个字根组成，字根间还有点距离。再比如"汉""昌""花""笔""型"等。

（3）"连"结构。

连是指一个字根与一个单笔画相连，比如"且"，就是基本字根"月"和一横相连组成的，"尺"就是由"尸"和一捺相连组成的，再比如"天""下""正""自"等。一个字根和点组成的汉字，也视为相连。比如"勺"，就是"勹"和点组成的，我们认为它们是相连的。这样的例子还有"术""太""主""义""斗""头"等。

要注意，下面这些字，字根虽然连着，但在五笔中不认为它们是相连的，如"足""充""首""左""页"等。还有，单笔画与字根间有明显距离的也不认为是相连，如"个""少""么""且""全"等。

（4）"交"结构。

交就是指两个或多个字根交叉重叠构成的汉字。比如"本"，就是由字根"木"和"一"相交构成的；再比如

"申""必""夷""东""里"等。

字根间的这四种关系，在拆字过程中会经常用到。

2. 汉字的拆分原则

五笔字型汉字输入法是一种"形"输入法，录入员看到一个汉字时，很快就能根据汉字的各部分字根写出一个汉字编码。但是为了提高汉字的录入速度，就必须减少汉字输入的重码率以及单个汉字输入的击键次数。在对汉字进行编码时还必须遵守一定的规则，而这些规则又是根据书写汉字时所熟悉的原则和汉字输入必须遵循的一些原则。

在五笔字型输入法中，在录入一个汉字时，首先将该汉字按拆分原则拆分成各个字根，然后再按编码原则进行录入。一个汉字是由四位编码构成，即指在汉字录入时，一个汉字对应四个编码，输入时要采用小写字母、在汉字操作系统中，共有6763个汉字。汉字的拆分原则有如下几种：

（1）按正确的书写顺序进行拆分。

正确的书写顺序是从左到右、从上到下、从外到内进行拆分取码。例如："结"字，其正确的拆分取码顺序为："纟（X）、士（F）、口（K）"；"草"字正确的拆分取码顺序为："艹（A）、早（J）"；"连"字的正确拆分取码顺序为："车（L）、辶（P）"。

（2）以基本字根为单位进行拆分。

在进行汉字的拆分时，应以字根键位表上基本字根为单位进行汉字的拆分。例

如："衬"字应拆分成的字根为："衤（P）、丷（U）、寸（F）"，而不是"礻、寸"两个字根。

（3）遵循16字口诀。

汉字的结构有单、散、连、交四种。对于单、散两种，比较容易对它们进行拆分，比较困难的是那些有连、交结构的汉字。

对于笔画相连的结构，主要是拆成单笔与基本字根。例如："生"字应拆成"丿"和"圭"。对于笔画相交结构的汉字，要按书写顺序拆分成为几个最大的基本字根，即拆成基本字根的数目为最少。例如："击"要拆成"二"和"山"两个字根，而不能拆成"一""十""凵"。这样，就有三个字根了。总之，在拆分时，一般应保证每次拆出最大的基本字根，在拆出字根数目相同时，"散"比"连"优先，"连"比"交"优先。

为了便于在拆字实践中使用以上原则，特编成四句歌诀：

能散不连，能连不交，
取大优先，兼顾直观。

对这首歌诀的详细解说如下：

①能散不连。能散不连是指一个汉字在拆分时有相连与相散的两种位置关系的拆分方法时，那么应选择字根之间位置关系属于"散"形式的拆分方法。

例如："午"字应拆分为"丿、十"，而不能拆分为"丿、干"，因前面属于"散"形式的拆分方法，而后面属于"连"形式的拆分方法。

提示： 笔画和字根之间、字根与字根之间的关系，可以分为"散""连""交"三种关系。例如："倡"三个字根之间是"散"的关系；"自"首笔"丿"与"目"之间是"连"的关系；"夷"首笔"一"与"弓""人"是"交"的关系。字根之间的关系，决定了汉字的字型（上下、左右、杂合）。几个字根都"交""连"在一起的，如"夷""丙"等，肯定是"杂合型"，不会有争议。而散根结构必定是"左右型"或"上下型"字。

有时候一个汉字被拆成的几个部分都是复笔字根（不是单笔画），它们之间的关系，在"散"和"连"之间模棱两可。

例如：

占：卜　口　　两者按"连"处理，便是杂合型（3型错）

两者按"散"处理，便是上下型（2型正确）

严：一业厂　后两者按"连"处理，便是杂合型（3型错）

后两者按"散"处理，便是上下型（2型正确）

当遇到这种既能"散"又能"连"的情况时，五笔字型输入法规定：只要不是单笔画，一律按"能散不连"判别。因此，以上两例中的"占"和"严"，都被认为是"上下型"字（2型）。

②能连不交。"能连不交"是指一个汉字在拆分时有相连与相交的两种位置关系的拆分方法时，那么应选择字根之间位置关系属于"连"形式的拆分方法。一般来说，"连"比"交"更为"直观"。

例如：

"天"字应拆分为"一、大"而不能拆分为"二、人"，因前面属于"连"形式的拆分方法，而后面属于"交"形式的拆分方法。

"告"字应拆分为"丿、土、口"，而不能拆分为"⺧、丨、口"，因前面属于"散"形式的拆分方法，而后面属于"交"形式的拆分方法。

③取大优先。所谓取大优先即是指汉字在拆分过程中，尽可能使拆分出来的字根最大，并且字根的数目最少为佳。

例如："脑"字的拆分方法。

第一种拆分方法：冂、二、丶、一、乂、凵

第二种拆分方法：月、亠、乂、凵

第三种拆分方法：月、文、凵

在以上三种拆分方法中，正确的拆分方法为第三种。因为它满足了每拆一个字根都是最大的，并且字根个数最少。

又例如："就"字的拆分方法。

第一种拆分方法：丶、一、口、小、尢、乙

第二种拆分方法：亠、口、小、尢、乙

第三种拆分方法：亠、小、尢、乙

在以上三种拆分方法中，正确的拆分方法为第三种。因为它满足了每拆一个字根都是最大的，并且字根个数最少。

④兼顾直观。在拆分汉字时，为了照顾汉字字根的完整性，有时不得不暂且牺牲一下"书写顺序"和"取大优先"的原则，形成个别特殊的情况。

例如：

生，按"书写顺序"应拆成"⺧、丨、一"，但这样便破坏了汉字构造的直观性，故只好违背"书写顺序"，拆作"丿、圭"了。

例如："自"按"取大优先"应拆成"亻、乙、三"，但这样拆不直观，故只能拆作"丿、目"了。

4.7.7　输入汉字

1. 输入键面字

键面字是指既是基本字根又是基本汉字的字。例如，王、土、大、木、工、力、车、早、用、己等。

对于键面字，又将其分为两类：一类是键名字；另一类是成字字根。

（1）键名字是指每一个键上的第一个字根，总共有25个。例如：G键的键名字为

"王"，F 键上的键名字为"土"，Y 键上的键名字为"言"等。键名字在键盘上的分布，如图 4-103 所示。

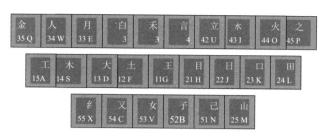

图 4-103

键名字的录入编码为敲键名码四次。

例如：

王：GGGG	土：FFFF	木：SSSS	目：HHHH
田：LLLL	山：MMMM	禾：TTTT	日：JJJJ
立：UUUU	火：OOOO	己：NNNN	女：VVVV
金：QQQQ	人：WWWW	月：EEEE	

> **提示：** 键名码即指字根所在字母键。例如：字根"木"的键名码是"S"，字根"月"的键名码是"E"。

（2）输入成字字根。成字字根的录入编码为键名码（报户口）+ 首笔画代码 + 次笔画代码 + 末笔画代码。

当成字字根只有两笔画时，则在取完笔画代码后再补打"空格"。例如："雨"字，其录入方法为键名为 F，首笔画为"一（G）"，次笔画为"丨（H）"，末笔画为"、（Y）"。其录入编码为：FGHY。

表 4-12 所示为部分成字字根的录入编码示例。表中的汉字输入以"凵"表示空格。

表 4-12　部分成字字根的录入编码

成字字根	键名码	首笔画	次笔画	末笔画	录入编码
十	F	一（G）	丨（H）H	凵	FGH凵
石	D	一（G）	丿（T）	一（G）	DGTG
西	S	一（G）	丨（H）	一（G）	SGHG
米	O	、（Y）	丿（T）	、（Y）	OYTY
己	N	乙（N）	一（G）	乙（N）	NNGN
羽	N	乙（N）	、（Y）	一（G）	NNYG
夕	Q	丿（T）	乙（N）	、（Y）	QTNY
力	L	丿（T）	乙（N）	凵	LTN凵
早	J	丨（H）	乙（N）	丨（H）	JHNH

续表

成字字根	键名码	首笔画	次笔画	末笔画	录入编码
手	R	丿（T）	一（G）	丨（H）	RTGH
耳	B	一（G）	丨（H）	一（G）	BGHG
弓	X	乙（N）	一（G）	乙（N）	XNGN
甲	L	丨（H）	乙（N）	丨（H）	LHNH
方	Y	丶（Y）	一（G	乙（N）	YYGN

> **提示：** ① 所有折笔都用"乙"代替，即在 N 键；② 不足四码要加空格补齐。

2. 单笔笔画的输入

单笔笔画的录入编码为敲键名码两次 + L + L，如表 4-13 所示。

表 4-13　单笔笔画的录入编码

笔　画	键名码	录入编码
一	G	GGLL
丨	H	HHLL
丿	T	TTLL
丶	Y	YYLL
乙	N	NNLL

3. 输入键外字

键面字只占全部汉字的极小一部分。其他大部分的汉字，都是由 130 种基本字根组成的。所以，对一般汉字编码，就是要解决如何把一般汉字拆成基本字根。在拆字时，每个人会有不同的拆法，但是，为了保证五笔字型汉字输入的一致性，特制定有几个规则，这就是以下要讲述的拆分规则。当一个汉字拆成若干个基本字根后，还会有一个问题，即当字根数多于四个时如何取，当字根数少于四个时怎么办？这就是下面要介绍的键位表以外汉字（键外字）的编码规则。

在一般汉字进行输入时，是通过键位中的基本字根来组合而成的。以下为几种汉字编码的规则：

（1）刚好四个字根编码的汉字。其录入编码为取汉字的其第一、第二、第三、第四个字根编码。表 4-14 所示为部分键外字的录入编码示例。

表 4-14　部分键外字的录入编码

键外字	拆分字根	汉字编码	键外字	拆分字根	汉字编码
模	木艹日大	SAJD	离	文凵门厶	YBMC
横	木艹由八	SAMW	能	厶月匕匕	CEXX
党	⺌冖口儿	IPKQ	照	日刀口灬	JVKO
蕴	艹纟日皿	AXJL	深	氵冖八木	IPWS
型	一艹刂土	GAJF	量	日一曰土	JGJF
笔	竹丿二乙	TTFN	路	口止夂口	KHTK

（2）超过四个字根编码的汉字。其录入编码是：取其第一、第二、第三、最末字根的编码。表 4-15 所示为部分键外字的录入编码示例。

表 4-15　部分键外字的录入编码

键外字	拆分字根	汉字编码	键外字	拆分字根	汉字编码
德	彳十四一心	TFLN	韩	十早二丨	FJFH
越	土止匚丶	FHAT	键	钅彐二廴	QVFP
微	彳山一攵	TMGT	输	车人一刂	LWGJ

4.7.8　重码、万能键与容错码的使用

1. 重码

重码率是评价一个汉字编码方案优劣的一个重要指标。也就是说，重码是指输入编码后，会出现多个汉字供选择。

例如：

输入"YEU"，显示：1 衣 2 衰；

输入"TMGT"，显示：1 微 2 徽 3 微。

在五笔字型输入法中，由于对字根的抽取进行了优化，对字根的编排进行了精心设计，并遵循科学的编码规则，特别是增加了末笔字型交叉识别码，使重码率大大降低。在国标 GB 2312—1980 字集的 6763 个汉字中，重码率低于 2%。加上简码，平均每打 1 万个字，才需要挑选一次，即使在 GBK 字集 21003 个汉字范围内，重码率也低于 5%。虽然五笔字型的重码率非常低，但为了进一步提高录入速度，在设计五笔字型输入法时还是对重码字进行了适当的处理。当出现一个码有两个以上汉字时，则把重码字同时显示在屏幕最下面一行的提示行内，并按这些汉字的使用频度，最高的放在第一位，依次排列。

遇到重码的处理方法如下：

（1）单字重码。

单字重码的处理方式比较简单，基本上就是用选择键来完成对重码的干扰，达

到准确录入的目的。

在五笔字型系统中，大约有 200 多个重码字。如在输入"ifh"时，其输入的窗口中将出现如图 4-104 所示的显示框。

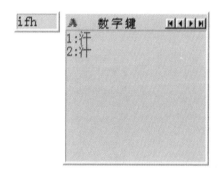

图 4-104

出现这种情况的时候，其操作过程如下：

① 如果需要输入的是排在第一位的汉字，只管继续输入下文，这个字将会自动跳到正常的编辑位置上。如图 4-104 中的"汗"字输入就不需要进行任何选择。

② 需要输入第二个位置及以后的字，可根据其所在的位置的序号按数字键，即可把需要的汉字输入到正在编辑的位置，然后再继续输入下文。如图 4-104 中的"汁"字，就需要按键盘中的"2"来进行选择。

> **提示：** 在五笔字型输入法中，早期的版本为了减少重码，提高输入速度，五笔字型汉字输入法中特别定义了一个后缀码（L），即把重码字中的使用频度较低的汉字编码的最后一个编码改成后缀码（L）。

（2）词语重码的处理。

词语重码包括词语与词语重码及词语与单字重码两种情况。

①词语与词语重码。五笔字型输入的速度比较快的一个重要因素是五笔字型输入不是基于单字的输入，而是基于词的输入，特别是双字词的输入。在词的输入过程中，也可能像字的输入一样，出现一些重码的情况。

例如：当输入"RRF"时，就会出现如图4-105所示的一个选择框，并以系统声音报警。在这个选择框中，有"掀起""拍卖""白手起家"三个选项。

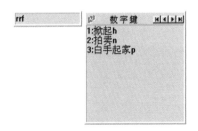

图4-105

出现这种情况的时候，其操作过程与重码字一样：如果需要输入的是排在第一位的汉字，只管继续输入下文，这个字将会自动跳到正常的编辑位置上；需要输入第二个位置以后的字，可根据其所在的位置的序号按数字键，即可把需要的汉字输入到正在编辑的位置，然后再继续输入下文。如图4-105中的"白手起家"这个词，就需要按键盘中的"3"进行选择。

②词语与单字重码字的处理。在输入的过程中，还有可能出现单字与词语重码的情况，处理这种情况的方法是一般单字

都排列在前面，如首选项，词语都排列在后面，是附选项。单字的输入一般不需要进行选择，直接输入下文就行了；词语的输入就需要选择其序号。

2. 万能键的使用

五笔字型学习中最大的困难是经常碰到输入不进去的"疑难字"。例如：由于笔顺不对，拆分"黄"字时把中间的"由"错写成"田"，因而输入不进去。

某字输入不进去，主要是笔顺不对或拆分方法有问题，应该在得到正确的答案以后把它记下来，并分类整理出一个专门供自己用的"疑难字"表，像记忆外语单词一样进行背记，同时细细体会这些字的输入代码是如何取的，自己输入不进去的原因是什么。大多数时候，用户可以通过万能学习键来找出疑难字的正确的拆分。

标准英文键盘上面有26个字母键，五笔字型的码元共有25个，占用了25个键位，剩下一个Z键，这就是万能学习键。当对键盘字根不太熟悉或对某一汉字输入的拆分一时难以确定时，可用"Z"键来代替。

例如：

易：日 Z ⿱ （JZR）

身：丿 ZZ 丿 （TZZT）

五笔字型汉字输入法的研制者让"Z"键承担了一个万能的角色，用"Z"键来代替任何一个键。使用Z键可帮助我们掌握和巩固前面所学的字根拆分，也在拆分有困难时给予适当的帮助。

每次上机操作时都应该把"疑难字"表放在旁边，不断对它进行更新。实践证

明，只要坚持这样做上一两个月，错误的笔顺和拆分方法基本上可以得到纠正，对五笔字型汉字编码法则的体会也越来越深入，用不了多长时间，也就熟练了。

有的"疑难字"是由于不同字互相混淆引起的，应该有意识地注意把这些字区别开来。由于一般人缺乏严格的书写笔顺知识，输入过程中常常发生不同字互相混淆的现象。

例如："来"（GO）与"末"（GS），"大"（DD）与"太"（DY），"无"（FQ）与"天"（GD）、"夫"（FW）等。

要注意记忆一些不是字根的汉字偏旁，例如："鸟"字的四码是 QYNG，作为偏旁时为 QYN，"岛"字为 QYNM，"鱼"字为 QG，"鲜"字应为 QGUD 等。

在输入的字根键中，所用 Z 键越多，在提示行中显示的汉字也就越多。因此，万能学习键（Z 键）只有在对某个字根拆分难以把握时，才能有效地发挥作用。

3. 容错码有何用处

容错码有两个含义：其一是用户容易拆错的码，其二是允许用户拆错的码。

"五笔字型"输入法中的"容错码"目前有将近 1000 个，有了容错码，对一些比较容易出错的编码的汉字，即使错误输入时，电脑也能出现正确的汉字。

但是，并非所有错误都能纠正，而只是较容易搞错的一些错误可以纠正。其主要类型有以下两种。

（1）拆分容错。

由于一些汉字的书写顺序因人而异，因此，拆分的顺序就容易弄错。五笔字型汉字输入法中允许其他一些习惯顺序的输入，这就是拆分容错。

例如：

"长"字，允许有以下几种不同的拆法：

长：丿七	（TAYI 正确码）
长：七丿	（ATYI 容错码）
长：一乙丿	（GNTY 容错码）
长：丿一乙	（TGNY 容错码）

"秉"字可拆成：

秉：丿一彐小	（TGV 正确码）
秉：禾彐	（TVI 容错码）

（2）字型容错。

个别汉字不易分类，用户无法正确地将其归类为上下型、左右型或杂合型。

例如：

"占"字，允许为上下型或杂合型：

占：卜口	（HKF 正确码）
占：卜口	（HKD 容错码）

"右"字：

右：ナ口	（DKF 正确码）
右：ナ口	（DKD 容错码）

凡是这些汉字，既可以按照正确的编码输入，也可以按照容错码输入。

（3）方案版本容错编码。

在使用五笔字型进行汉字输入的过程中，经过多人的修改和优化，以至于当前的版本与以前的版本有了许多差别。但如果变化太大，就会让已经熟悉使用原方案的人们感觉到不方便。

如在一些优化的方案中，取消了两个字根，因此，很多字在拆分时结果就不同。如"拾"字，按优化的方案是"RWGK"，而按较早期的方案则应该是"RWKG"，现在把"RWKG"作为"RWGK"的容错码。

> **提示：** 有了容错码后，为一部分汉字的输入带来了方便。不过，容错码不是万能的，其只是在一个很小的范围内能给用户以帮助。所以在学习五笔字型时，还需要熟练地掌握汉字的正确编码方法和原则，不能将希望放在容错码上面。

4.7.9 末笔字型交叉识别码

当一个汉字拆出的字根少于四个时，由于信息量不足，会出现几个汉字具有相同的编码，在输入时就会出现重码，这样就会大大降低汉字输入的速度。

例如："旮"和"旭"的编码相同；"叭"和"只"的编码相同。

有时，仅仅将汉字的字根依书写顺序输入机器内还是不够的，还必须告诉机器刚才输入的那些字根是以什么方式排列的，即告诉机器该字的字型。正如在第二章中所介绍的，把汉字字型分成三类：左右型代号为 1，上下型代号为 2，杂合型代号为 3。但是，单加字型识别码信息量还不够，有时还会出现重码。例如"汀""洒""沐"这三个汉字的编码都是 43、14（IS），字型都是左右型，所以，它们的字型识别码也相同。为了进一步对它们加以区别，发现它们的最后一个笔画不同。"汀"的最后一个笔画是竖，"洒"的最后一个笔画是横，"沐"的最后一个笔画是捺。因此，就在拆分汉字编码后面再加上末笔笔画代号 1、2、3、4、5，如表 4-16 所示。

表 4-16 末笔字型交叉识别码的编码

字型 末笔画	左右型 1	上下型 2	杂合型 3
横（1G）	11G	12F	13D
竖（2H）	21H	22J	23K
撇（3T）	31T	32R	33E
捺（4Y）	41Y	42U	43I
折（5N）	51N	52B	53V

这样，对一个汉字来说，除了字根码外，还有一个字型识别码和一个末笔笔画识别码。由于后两种都是二位的，而字根码是两位的，因此，为了使编码一致，简化输入，就把字型识别码与末笔笔画识别码合二为一，与字根码中的区位一样，把末笔笔画识别码作为区号，字型码作为位号，组成一个末笔字型交叉识别码，这样，就把三种不同的字型码与五种不同的末笔识别码搭配变成了十五种不同的区位号，组成了十五种末笔字型交叉识别码。把识别码与字根码在形式上统一起来，就大大简化了输入方式，增加了输入的信息，便于计算机来区别所输入的汉字，减少了重码率。

> **提示：** 安装 Office 2019 之前，一定要删除电脑上以前的版本，不然无法安装。另外操作系统一定要是 Windows 10 操作系统。

以上只是末笔字型交叉识别码的规定，在具体使用时还会遇到一些难以识别的问题，为了能较快和较好地掌握识别码，还必须对一些具体问题做些说明。

1. 末笔笔画的规定

在末笔画的定义中，有一部分不容易区分的单字，因此对于这些单字有如下规定：

（1）按书写顺序选取汉字的最末笔。

（2）对于包围和半包围结构的汉字，它的末笔规定为被包围部分的末笔。例如，"过"的末笔为"寸"。末笔字型交叉识别码只是在字根数少于四个时才是必需的，目的是用它来弥补因字根少而引起的输入信息量不足，造成多字重码，降低输入速度等缺陷。当一个汉字可以拆成四个以上字根时，信息量已足够，不需要再使用末笔字型交叉识别码。

（3）对与习惯笔顺不一致的"刀""力""九""匕"四个字根，当它们参加识别时一律规定用折笔作为末笔。例如，"化"的末笔为"乙"，而不是"丿"，应拆为（亻匕 51），编码为（WXN）；"仇"的末笔为"乙"，而也不为"丿"应拆为（亻九 51），编码为（WVN）。

2. 五笔字型的汉字确定

五笔字型的汉字确定方法如下：

（1）只有属于"散"的字型，才可以分为左右型和上下型，例如"叭"为左右型，"只"为上下型。

（2）属于"连"和"交"的汉字一律属于杂合型。"连"是指一个基本字根连一单笔画，所以，"自"是"丿"连"目"；"千"是"丿"连"十"；"且"是"月"连"一"；"久"是"夂"连"丶"。所以，它们都是杂合型，不能把它们作为上下型，初学时特别要注意。另一种带点结构的字也作为"连"，例如："太"不能作为上下型，而要作为杂合型。

（3）包围和半包围结构的字都属于杂合型。

（4）不能分上下、左右的字，都属于杂合型。

汉字是一种子图形文字，字根是构成汉字图形的基本单位，这些基本单位有一定位置关系，两个相同的字根，位置不同，构成的汉字也不同。末笔交叉识别码就是利用这一原理来实现的。

例如：

出（凵山）　　　　52 25 23　　　　编码为（BMK）

只（口八）　　　　23 34 41　　　　编码为（KWY）

沐（氵木）　　　　43 14 41　　　　编码为（ISY）

可（丁口）　　　　14 23 13　　　　编码为（SKD）

部（立口阝）　　　42 23 52　　　　编码为（UKBN）

主（丶王）　　　　41 11 13　　　　编码为（YGD）

这（文辶）　　　　41 45 43　　　　编码为（YPI）

末笔交叉识别码字型的表示方法如下：

3. 交叉末笔字型识别码的使用范围

（1）键名及一切成字字根都不使用识别码。

（2）等于或多于单个字根的汉字不使用识别码。

（3）一个汉字使用了末笔交叉识别码后还不足四键的用空格键补足。

> **提示** 不少人用五笔字型输入时常常因为自己习惯性的笔顺差错，把一个汉字拆分成错误的字根，因而无法正确输入。

例如：

"害"字的字根为"宀、三、丨、口"，编码为（PDHK），而不是拆分为"宀、王、口"时的代码（PGK）；

"甫"字的中间字根是"月"，而不是"门"，编码为（GEHY），不是（GMFY）；

"追"字的第一字根是"亻"，而不是"丿"，编码应为（WNNP），不是（THNP）。

4.7.10 输入简码

1. 什么是简码输入

汉字的码长一律为四码，字根数为二的加一个识别码，再补加一个空格键；字根数为三的，补加一个空格；字根数大于四或等于四的，用四个字母码。

由于键外码的汉字特别多，为了简化输入，减少码长，设计了简码输入法。简码输入法分为一级简码、二级简码和三级简码三种。

有时，同一个汉字可有几种简码。例如"经"，就同时有一、二、三级简码及全码等四个输入码。

经 —— 55（X）   一级简码

经 —— 55 54（XC）   二级简码

经 —— 55 54 15（XCA）   三级简码

经 —— 55 54 15 11（XCAG）   全码

2. 简码分类

（1）一级简码。

一级简码又称为高频字，在 25 个键位上，根据键位上字根的形态特征，每个键安排了一个经常使用的汉字作为一级简码，如图 4-106 所示。一级简码与键名汉字不同，在 25 个一级简码当中只有"工"和"人"既是键名汉字又是一级简码。

图 4-106

（2）二级简码。

一个汉字的五笔字型全码是四个，需要击键四次，比较麻烦。为了加快输入速度，五笔字型输入方案把使用频率比较高的 625 个汉字作为二级简码，只要击两次键和一次空格键即可键入一个汉字。对于前两笔比较直观的二级简码汉字，使用二级简码输入就避开了取最后一个识别码所带来的麻烦。

提示： 由于二级简码中有 19 个二级简码不是单个汉字或根本没有定义，所以实际上只有 606 个二级简码。

二级简码字作为单个汉字出现时，击两个字根码即可；作为二字词组出现，只需要击两个字根码；作为三字以上词组出现时，也只需要输入第一码即可，所以可以认为所有二级简码字只有两码，根本没有第三码和第四码。二级简码共有 625 个使用频率较高的汉字。

（3）三级简码。

三级简码由单字的前面三个字根组成。通常只要一个汉字的前三个字根码在整个编码体系中是唯一的，一般都选作为三级简码。实际上三级简码安排了约 4400 多个，此类汉字，只要敲击其中三个字根代码再加空格键即可输入。对于三级简码的输入而言，它并没有减少总的击键次数，但由于省略了最后一个字根或"末笔交叉识别码"的判断，故也可达到提高输入速度的目的。

3. 输入简码

（1）输入一级简码。

一级简码拆分方法是：该汉字所在的字母键＋空格键作为一汉字的编码。

比如，"我"的编码是 Q+ 空格键。

提示： "一级简码要死记"，就是说一级简码字只有 25 个字，而且是比较常用的字，应该牢记在心中。

一级简码虽然简单，但仅靠死记硬背也是不行的，可参照如下几点训练技巧：

①按字根键盘分区顺序练习一级简码字五遍。

一地在要工上是中国同和的有人我主产不为这民了发以经

②按下面的任意顺序练习一级简码字五遍。

以不有地一上是的中在同了人经我为民发要国和主工产

产人的这我和在了工不中有国以为民主发一经地同要上是

工了以在有地一上不是中国同民为这我的要和产发人经主

产发人主工经的要和民同我这为国中不有一地上是以在了

③为了加深印象和记忆，分别将下面的一级简码字按全码方式输入和按简码方式输入，比较输入速度。

有地以不一上是的在中了同人经我这为民要国发和工主产

提示：

①按空格键结束，而不是按回车键结束。

②击键一次，再按一下空格键，输入的是一级简码字，它不一定是键名字。

③在大写字母状态下，不能输入汉字。

④一级简码字中属于表内字的有"一""工""上""人""了"，其他的一级简码字全部是表外字。

⑤简码是在全码的基础上省略了后面的编码而成的，但有几个字例外，"有""不""这"的简码是其全码的第二码，而"我""以""为""发"与全码无关。

（2）输入二级简码。

二级简码的拆分方法如下：

①刚好两个字根。拆分方法是：该字的前两个字根＋空格键。

比如，好＝女＋子＋空格键。

②三个以上字根。拆分方法是：该字的前两个字根＋空格键。

比如，渐＝氵＋车＋空格键。

③成字字根，既是字根也是单个汉字。拆分方法是：该字的字根键＋该字的第一笔＋空格键。

比如，米＝米＋丶＋空格键。

④键名汉字。在键盘上每个字母键都有一个英文名称，如A键、B键等，在五笔输入法中，也给每个字母键对应的键起了一个中文名称，如"工"键对应A键，"大"键对应D键，所以总共有25个键名字。编码规则：连击两次键名字所在键＋空格键。

比如，大＝大＋大＋空格键。

通过表4-17所示的汉字的二级简码编码举例，可发现二级简码确实比全码输入有很大的简便性。其中，表中的汉字输入以"凵"表示空格。

表4-17　二级简码编辑码举例

字　例	拆　分	全　码	简　码
虽	口　虫	KJU凵	KJ凵
怀	忄　一　小	NGIY	NG凵
内	冂　人	MWI凵	MW凵
汉	氵　又	ICY凵	IC凵
东	七　小	AII凵	AI凵
来	一　米	GOI凵	GO凵
张	弓　丿　七　丶	XTAY	XT凵
物	丿　扌　勹　彡	TRQR	TR凵
朵	几　木	MSU凵	MS凵

续表

字　例	拆　分	全　码	简　码
敢	乙 耳 攵	NBT凵	NB凵
李	木 子	SBF凵	SB凵
科	禾 冫 十	TUFH	TU凵
商	六 冂 八 口	UMWK	UM凵
诉	讠 斤 丶	YRY凵	YR凵
强	弓 口 虫	XKJ凵	XK凵
给	纟 人 一 口	XWGK	XW凵
绵	纟 白 门 丨	XRMH	XR凵
际	阝 二 小	BFIY	BF凵

表 4-18 为五笔字型二级简码表。

表 4-18　五笔字型二级简码表

		GFDSA 11——15	HJKLM 21——25	TREWQ 31——35	YUIOP 41——45	NBVCX 51——55
G	11	五于天末开	下理事画现	玫珠表珍列	玉平不来珲	与屯妻到互
F	12	二寺城霜载	直进吉协南	才垢圾夫无	坎增示赤过	志地雪支坳
D	13	三夯大厅左	丰百右面面	帮原胡春克	太磁砂灰达	成顾肆友龙
S	14	本村枯林械	相查可楞机	格析极检构	术样档杰棕	杨李要权楷
A	15	七革基苛式	牙划或功贡	攻匠菜共区	芳燕东蒌芝	世节切芭药
H	21	睛睦睚盯虎	止旧占卤贞	睡 肯具餐	眩瞳步眯瞳	卢 眼皮此
J	22	量时晨果虹	早昌蝇曙遇	昨蝗明蛤晚	景暗晃显晕	电最归紧旨
K	23	呈叶顺呆呀	中虽吕另员	呼听吸只史	嘛啼吵咪喧	叫啊哪吧哟
L	24	车轩因困轼	四辊加男轴	力斩胃办罗	罚较 辚边	思轭轨轻累
M	25	同财央朵曲	由则迥崭册	几贩骨内风	凡赠峭嵝迪	岂邮 凤纲
T	31	生行知条长	处得各务向	笔物秀答称	入科秒秋管	秘季委么第
R	32	后持拓打找	年提扣押抽	手折扔失换	扩拉朱搂近	所报扫反批
E	33	且肝须采肛	胪胆肿肋肌	用遥朋脸胸	及胶膛脒爱	甩服妥肥脂
W	34	全会估休代	个介保佃仙	作伯仍从你	信们偿伙伫	亿他分公化
Q	35	钱针然钉氏	外旬名甸负	儿铁角欠多	久匀乐炙锭	包凶争色锴
Y	41	主计庆订度	让刘训为高	放诉衣认义	方说就变这	记离良充率
U	42	闰半关亲并	站间部曾商	产瓣前闪交	六立冰普帝	决闻妆冯北
I	43	汪法尖洒江	小浊澡渐没	少泊肖兴光	注洋水淡学	沁池当汉涨
O	44	业灶类灯煤	粘烛炽烟灿	烽煌粗粉炮	米料炒炎迷	断籽娄烃
P	45	定守害宁宽	寂审宫军宙	客宾家空宛	社实宵灾之	官字安 它
N	51	怀导居怵民	收慢避惭届	必怕 愉懈	心习悄屡忱	忆敢恨怪尼
B	52	卫际承阿陈	耻阳职阵出	降孤阴队隐	防联孙耿辽	也子限取陛
V	53	姨寻姑杂毁	叟旭如舅妯	九姝奶臾婚	妨嫌录灵巡	刀好妇妈姆
C	54	骊对参骠戏	骠台劝观	矣牟能难允	驻骈 驼	马邓艰双
X	55	线结顷细红	引旨强细纲	张绵级给约	纺弱纱继综	纪弛绿经比

为了熟悉每一个键上的各种字根及对应的简码字，下面逐键列出二级简码字。读者不妨在电脑上逐一键入，体会每一个组合用的是哪个键位的哪个字根。

①横起类。

a. 以字母"G"开头的二级简码字。

GA：开　GB：屯　GC：到　GD：天　GE：表　GF：于　GG：五　GH：下
GJ：理　GI：不（一级简码为 I）　GK：事　GL：画　GM：现　GN：与
GO：来　BP：珲　GQ：列　GR：珠　GS：末　GT：玫　GU：平　GV：妻
GW：珍　GX：互　GY：玉

b. 以字母"F"开头的二级简码字。

FA：载　FB：地（一级简码为 F）　FC：支　FD：城　FE：坂　FF：寺
FG：二　FH：直　FI：示　FJ：进　FK：吉　FL：协　FM：南　FN：志
FO：赤　FP：过　FQ：无　FR：垢　FS：霜　FT：才　FU：增　FV：雪
FW：夫　FX：坳　FY：坟

c. 以字母"D"开头的二级简码字。

DA：左　DB：顾　DC：友　DD：大　DE：胡　DF：夺　DG：三　DH：丰
DI：砂　DJ：百　DK：右　DL：历　DM：面　DN：成　DO：灰　DP：达
DQ：克　DR：原　DS：厅　DT：帮　DU：磁　DV：肆　DW：春　DX：龙
DY：太

d. 以字母"S"开头的二级简码字。

SA：械　SB：李　SC：权　SD：枯　SE：极　SF：村　SG：本　SH：相
SI：档　SJ：查　SK：可　SL：楞　SM：机　SN：杨　SO：杰　SP：棕
SQ：构　SR：析　SS：林　ST：格　SU：样　SV：要（一级简码为 S）
SW：检　SX：楷　SY：术

e. 以字母"A"开头的二级简码字。

AA：式　AB：节　AC：芭　AD：基　AE：菜　AF：革　AG：七　AH：牙
AI：东　AJ：划　AK：或　AL：功　AM：贡　AN：世　AO：萎　AP：芝
AQ：区　AR：匠　AS：苛　AT：攻　AU：燕　AV：切　AW：共　AX：药
AY：芳

②竖起类。

a. 以字母"H"开头的二级简码字。

HA：虎　HC：皮　HD：睚　HE：肯　HF：睦　HG：睛　HH：止　HI：步
HJ：旧　HK：占　HL：卤　HM：贞　HN：卢　HO：眯　HP：瞎　HQ：餐
HS：盯　HT：睡　HU：瞳　HV：眼　HW：具　HX：此　HY：眩

b. 以字母"J"开头的二级简码字。

JA：虹　JB：最　JC：紧　JD：晨　JE：明　JF：时　JG：量　JH：早
JI：晃　JJ：昌　JK：蝇　JL：曙　JM：遇　JN：电　JO：显　JP：晕
JQ：晚　JR：蝗　JS：果　JT：昨　JU：暗　JV：归　JW：蛤　JX：昆
JY：景

c. 以字母"K"开头的二级简码字。

KA：呀　KB：啊　KC：吧　KD：顺　KE：吸　KF：叶　KG：呈　KP：喧

KQ：史 KI：吵 KH：中（一级简码为K） KJ：虽 KK：吕 KL：另
KM：员 KN：叫 KO：噗 KR：听 KS：呆 KT：呼 KU：啼 KV：哪
KW：只 KX：哟 KY：嘛

d.以字母"L"开头的二级简码字。

LA：轼 LB：囝 LC：轻 LD：因 LE：胃 LF：轩 LG：国（一级简码为L）
LJ：辊 LK：加 LL：男 LM：轴 LN：思 LO：磷 LP：边 LQ：罗
LR：斩 LS：困 LT：力 LU：较 LV：轨 LW：办 LX：累 LY：罚
LH：四

e.以字母"M"开头的二级简码字。

MA：曲 MB：邮 MC：凤 MD：央 ME：骨 MF：财 MG：同（一级简码为M）
MH：由 MI：峭 MJ：则 MK：迥 ML：崟 MM：册 MN：岂 MO：嵝
MP：迪 MQ：凤 MR：贩 MS：朵 MT：几 MU：赠 MW：内 MX：嶷
MY：凡

③撇起类。

a.以字母"T"开头的二级简码字。

TA：长 TB：季 TC：么 TD：知 TE：秀 TF：行 TG：生 TH：处
TI：秒 TJ：得 TK：各 TL：务 TM：向 TN：秘 TO：秋 TP：管
TQ：称 TR：物 TS：条 TT：笔 TU：科 TV：委 TW：答 TX：第
TY：入

b.以字母"R"开头的二级简码字。

RA：找 HB：报 RC：反 RD：拓 RE：扔 RF：持 RG：后 RH：年
RI：朱 RJ：提 RK：扣 RL：押 RM：抽 RN：所 RO：搂 RP：近
RQ：换 RR：折 RS：打 RT：手 RU：拉 RV：扫 RW：失 RX：批
RY：扩

c.以字母"E"开头的二级简码字。

EA：肛 EB：服 EC：肥 ED：须 EE：朋 EF：肝 EG：且 EH：胙
EI：膛 EJ：胆 EK：肿 EL：肋 EM：肌 EN：甩 EO：腾 EP：爱
EQ：胸 ER：遥 ES：采 ET：用 EU：胶 EV：妥 EW：脸 EX：脂
EY：及

d.以字母"W"开头的二级简码字。

WA：代 WB：他 WC：公 WD：估 WE：仍 WF：会 WG：全 WH：个
WI：偿 WJ：介 WK：保 WL：佣 WM：仙 WN：亿 WO：伙 WQ：你
WR：伯 WP：仁 WS：休 WT：作 WU：门 WV：分 WW：从 WX：化
WY：信

e.以字母"Q"开头的二级简码字。

QA：氏 QB：凶 QC：色 QD：然 QE：角 QF：针 QG：钱 QH：外
QI：乐 QJ：旬 QK：名 QL：匈 QM：负 QN：包 QO：炙 QP：锭
QQ：多 QR：铁 QS：钉 QT：儿 QU：匀 QV：争 QW：欠 QX：错
QY：久

④捺起类。

a.以字母"Y"开头的二级简码字。

YA：度　YB：离　YC：充　YD：庆　YE：衣　YF：计　YG：主（一级简码为 Y）
YH：让　YI：就　YJ：刘　YK：训　YL：为（一级简码为 O）　　　YM：高
YN：记　YO：变　YQ：义　YP：这（一级简码为 P）　　　YR：诉　YS：订
YT：放　YU：说　YV：良　YW：认　YX：率　YY：方

b.以字母"U"开头的二级简码字。

UA：并　UB：闻　UC：冯　UD：关　UE：前　UF：半　UG：闰　UH：站
UI：冰　UJ：间　UK：部　UL：曾　UM：商　UN：决　UO：普　UP：帝
UQ：交　UR：瓣　US：亲　UT：产（一级简码为 U）　　　UU：立　UV：妆
UW：闪　UX：北　UY：六

c.以字母"I"开头的二级简码字。

IA：江　IB：池　IC：汉　ID：尖　IE：肖　IF：法　IG：汪　IH：小
II：水　IJ：浊　IK：澡　IL：渐　IM：没　IN：沁　IO：淡　IP：学
IQ：光　IR：泊　IS：脑　IT：少　IU：洋　IV：当　IW：兴　IX：涨
IY：注

d.以字母"O"开头的二级简码字。

OA：煤　OB：籽　OC：烃　OD：类　OE：粗　OF：灶　OG：业　OH：粘
OI：炒　OJ：烛　OK：炽　OL：烟　OM：灿　ON：断　OO：炎　OP：迷
OQ：炮　OR：煌　OS：灯　OT：烽　OU：料　OV：娄　OW：粉　OY：米

e.以字母"P"开头的二级简码字。

PA：宽　PB：字　PY：社　PD：害　PE：家　PF：守　PG：定　PH：寂
PI：宵　PJ：审　PK：宫　PL：军　PM：宙　PN：官　PO：灾　PP：之
PQ：宛　PX：它　PR：宾　PS：宁　PT：客　PU：实　PV：安　PW：空

⑤折起类。

a.以字母"N"开头的二级简码字。

NA：民（一级简码为 N）　　　NB：敢　NC：怪　ND：居　NF：导　NG：吓
NH：收　NI：悄　NJ：慢　NK：避　NL：惭　NM：届　NN：忆　NO：屡
NP：沈　NQ：懈　NR：怕　NS：怵　NT：必　NY：心　NU：习　NV：限
NW：愉　NX：尼

b.以字母"B"开头的二级简码字。

BA：陈　BB：子　BC：取　BD：承　BE：阴　BF：际　BG：卫　BH：耻
BI：孙　BJ：阳　BK：职　BL：阵　BM：出　BN：也　BO：耿　BP：辽
BQ：隐　BR：孤　BS：可　BT：降　BU：联　BV：限　BW：队　BX：陡
BY：防

c.以字母"V"开头的二级简码字。

VA：毁　VB：好　VC：妈　VD：姑　VE：奶　VF：寻　VG：姨　VH：叟
VI：录　VJ：旭　VK：如　VL：舅　VM：姑　VN：刀　VO：灵　VP：巡
VQ：婚　VR：姝　VY：妨　VS：杂　VT：九　VU：嫌　VV：妇　VW：奂

VX：姆

d. 以字母 "C" 开头的二级简码字。

CA：戏　CB：邓　CC：双　CD：参　CE：能　CF：对　CG：驱　CW：难

CY：驻　CJ：骒　CK：台　CL：劝　CM：观　CN：马　CV：艰　CP：驼

CQ：允　CR：牟　CS：膘　CT：矣　CU：骈

e. 以字母 "X" 开头的二级简码字。

XA：红　XB：弛　XC：经（一级简码为 X）　　XD：顷　XE：级　XF：结

XG：线　XH：引　XI：纱　XJ：旨　XK：强　XL：细　XM：纲　XN：纪

XO：继　XX：比　XP：综　XQ：约　XR：绵　XS：细　XT：张　XU：弱

XV：绿　XW：给　XY：纺

（3）输入三级简码。

三级简码的拆分方法如下：

当一个字只有三个或多于三个字根时，拆分方法是：第一字根 + 第二字根 + 第三字根 + 空格键。

比如，些 = 止 + 匕 + 二 + 空格键。

当只有两个字根时，拆分方法是：第一字根 + 第二字根 + 末笔识别码 + 空格键。

比如，里 = 日 + 土 + 三 + 空格键。

成字字根的拆分方法是：字根键 + 该字第一笔 + 第二笔 + 空格键。

比如，丁 = 丁 + 一 + 丨 + 空格键。

三级键名汉字的拆分方法是：键名键 + 键名键 + 键名键 + 空格键。

比如，言 = 言 + 言 + 言 + 空格键。

通过表 4-19 所列的汉字的三级简码编码举例，可发现三级简码确实比全码输入有很大的简便性。

表 4-19　三级简码编码举例

字　例	拆　分	编　码	
		全码	简码
华	亻、匕、十	WXFJ	WXF 凵
想	木、目、心	SHNU	SHN 凵
算	竹、目、廾	THAJ	THA 凵
得	彳、日、一	TJGF	TJG 凵
简	竹、门、日	TUJF	TUJ 凵

4.7.11　输入词组

1. 输入双字词组

双字词是汉字的一个重要特色，一般习惯使用五笔字型的用户在输入汉字的过程中，基本都是两个字输入，所以这部分内容一定要重点掌握。

双字词的拆分方法为每字取其全码的前两码组成，共四码，即首字第一字根 + 首字第二字 + 第二字第一字根 + 第二字第二字根。

双字词的拆分如表 4-20 所列。

表 4-20　双字词拆分实例

字　例	字　根	键　位				编　码
经济	纟丬氵文	55	53	43	41	XCIY
操作	扌口亻⺧	32	23	34	31	RKWT
电脑	日乙月⺀	22	51	33	41	JNEY
四川	四丨川丿	24	21	23	31	LHKT
工人	工工人人	15	15	34	34	AAWW

提示：

①不能把词组中属于键名字或成字根的字按键外字来取码。例如词组"金属"不能按"人、王、尸、丿"来取码。

②只能输入词库集中包含的两字词，不能输入不是词组的词。

2. 输入三字词组

三字词汇虽然比双字词汇要少得多，但有一些还是经常用到。利用三字词汇的方法进行输入，可以提高输入的速度。

三字词的拆分方法是：首字第一字根＋第二字第一字根＋第三字第一字根＋第三字第二字根。

比如，计算机＝讠+⺮+木+几。

三字词的拆分如表 4-21 所列。

表 4-21　三字词拆分实例

字　例	字　根	键　位				编　码
操作员	扌亻口贝	32	34	23	25	RWKM
计算机	讠⺮木几	41	31	14	25	YTSM
研究生	石宀丿丰	13	45	31	11	DPTG
偶然性	亻夕忄丿	34	35	51	31	WQNT
劳动力	艹二力丿	15	12	24	31	AFLT
积极性	禾木忄丿	31	14	51	31	TSNT
办公室	力八宀一	24	34	45	11	LWPG
继承人	纟了人人	55	52	34	34	XBWW
自行车	丿彳车一	31	31	24	11	TTLG

提示：

① 不能把词组中属于键名字或成字根的字按键外字来取码。例如词组"四川省"不能按"丨、丿、小、丿"来取码。

② 只能输入词库集中包含的三字词，不能输入非词库中的三字词。例如"小学生"就不是词库中的三字词。

3. 输入四字词组

四字词汇在现代汉语中使用得也非常普遍，其出现的概率也比较高。我国的许多成语都是由四个字组成的，并且一些常用的成语都编入了四字词。

四字词的拆分方法是：按顺序取每字的全码的第一码，共四码。

比如，民主党派 = 乙 + 丶 + 丷 + 氵。

四字词的拆分如表4-22所列。

表4-22　四字词拆分实例

字　例	字　根	键　　位	编　码
人民政府	人 乙 一 广	34　51　11　41	WNGY
五笔字型	五 ⺮ 宀 一	11　31　45　11	GTPG
程序设计	禾 广 讠 讠	31　41　41　41	TYYY
综上所述	纟 上 厂 木	55　21　32　14	XHRS
科学技术	禾 丷 扌 木	31　43　32　14	TIRS

提示：

① 不能把词组中属于键名字或成字根的字按键外字来取码。例如词组"中国人民"不能按"口、口、丿、尸"来取码。

② 只能输入词库集中包含的四字词，不能输入非词库中的四字词。例如"奋勇前进"就不是词库中的四字词。

4. 输入多字词组

在五笔字型输入法中，除可以进行双字词、三字词、四字词的输入外，还根据现代汉语的需要设置了一种多字词的输入方法。超过四个字的词组，称为多字词。

多字词的拆分方法是：取第一、二、三字的第一码 + 最后一字的第一码。

比如，全国人民代表大会 = 人 + 口 + 人 + 人。

多字词的拆分如表4-23所列。

表4-23　多字词拆分实例

字　例	字　根	键　　位	编　码
中国共产党	口 囗 共 丷	23　24　15　43	KLAI
中华人民共和国	口 亻 人 口	23　34　34　24	KWWL
人民大会堂	人 乙 大 丷	34　51　13　43	WNDI
有志者事竟成	ナ 士 土 厂	13　12　12　13	DFFD

第 5 章

管理电脑中的文件和文件夹

大多数 Windows 任务都涉及使用文件和文件夹。Windows 使用文件夹为计算机上的文件提供存储系统，就像我们平时将一页页纸张组成的文件分别放在文件夹中，再贴上标签，然后分门别类地收藏到文件柜里。在电脑中，它们不是以纸张形式存在的，而是以电脑所能识别的形式保存在磁盘中。本章将讲解如何管理电脑中的各种文件和文件夹。

本章导读

5.1　文件管理先知道

对于一个使用电脑的人来说，文件管理是比较重要的一个环节。要不然，自己创建的文件存放到哪里都不知道。这时，就只有通过搜索来查找文件了。如果要搜索一个文件总得知道该文件的文件名或扩展名，那什么是文件名和扩展名呢？下面就来认识一下文件名和扩展名。

5.1.1　认识文件名与扩展名

文件名是文件的标识，就像每个人的名字一样，只是一个称谓，它由字母、数字、下划线和圆点组成的字符串构成。文件名通常由主文件名和扩展名组成，如 myfile.docx。myfile 是主文件名，可任意确定，而 docx 是扩展名，表示该文件的类型是 Word 文件，中间用下圆点连接。在给文件命名时，应该选择有意义的文件名，方便记忆，而且一见文件名就知道文件的大致内容。

扩展名只是帮助识别文件性质的标志。和文件名一样，扩展名可以使用任意的名字，可以随便修改。除了早期的文件扩展名（.EXE、.COM、.BAT、.SYS）由操作系统制定和约定俗成（.TXT）外，扩展名的产生大概可以分成以下两种情况：

一种情况是，在电脑的应用过程中，产生了许多不同类型的文件。对于程序员来说，如果他编写的软件需要产生一种新型格式的文件，他就可以任意定义一个扩展名给这个文件。可能这个软件非常成功，衍生出了许多相关的程序，为了兼容，这个扩展名就成了这一类型文件的专利。比如 .RAR、.ZIP 文件。

另一种情况是，根据某种标准指定的扩展名，如 .JPG，.MPG。

> **提示：** 为了便于管理和识别，用户可以把扩展名作为文件名的一部分。圆点用于区分文件名和扩展名。扩展名对于将文件分类是十分有用的。用户可能对某些大众已接纳的标准扩展名比较熟悉，例如，编辑的 Word 文件总是以 .DOCX 为扩展名。用户可以根据自己的需要，随意加入自己的文件扩展名。

加油站：Windows 10 文件及文件夹命名规则

（1）允许文件的名字为 256 个字符内任何长度的字符串。

（2）在文件名中，可以使用空格，但不能包含以下符号："｜""""？""\\""*""<"">"。

（3）用户可以使用大小写形式命名文件和文件夹，Windows 10 将保留用户指定的大小写格式，但不能利用大小写来区别文件名。

（4）在同一文件夹内的文件不可同名。

（5）在 Windows 10 操作系统中，用户可以使用汉字来命名文件和文件夹。

（6）扩展名代表的是文件属性，它可以使用多个分隔符。例如，用户可以创建一个名为 L.P.FILE98 的文件或文件夹。

（7）在 Windows 10 中，文件名和文件夹可含有两个通配符"？""*"，"？"可代表文件名中任意一个未知的字符，而"*"则代表文件名中任意一串未知字符。一般在查找和列出当前驱动器或文件夹中所包含的文件和文件夹时常常用到这两个通配符。例如 *.TXT 代表所有扩展名为 TXT 的文本文件；?A*.* 代表文件名第二字符为 A 的所有文件；*.* 代表所有文件名。

5.1.2 弄清文件夹与文件的关系

文件是数据在磁盘上的组织形式，不管是文章、声音，还是图像，最终都将以文件形式存储在电脑的磁盘上。

一个文件夹就是一个存储文件的有组织实体（类似一个文件袋或盛放文件的抽屉），用户可以使用文件夹把文件分成不同的级。在文件夹中，用户不但可以存放文件，还可以存放其他的文件夹，如此可形成一个文件夹树。将文件夹中所包含的其他文件夹称为子文件夹。

文件夹也叫作目录。由一个根目录和若干层子目录组成的目录结构就称为树形目录结构，它像一棵倒置的树。树根是根文件夹，根文件夹下允许建立多个子文件夹，子文件夹下还可以建立再下一级的子文件夹。每一个文件夹中允许同时存在若干个子文件夹和若干文件，不同文件夹中允许存在相同文件名的文件，任何一个文件夹的上一级文件夹称为它的父文件夹，如图 5-1 所示，填充的方框表示文件夹，没有填充的方框代表文件。文件总是包含在文件夹里。

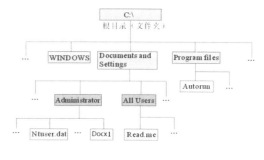

图 5-1

1. 根文件夹

根文件夹是在磁盘格式化（执行 Format 命令）时由操作系统自动设定的，是目录系统的起点，不能被删除。根文件夹用反斜杠"\"表示，不能用别的符号代替。每一个磁盘都有自己的根文件夹和自己的树形文件夹结构。

2. 子文件夹

在树形文件夹结构中，根文件夹下可以有很多子文件夹，每个子文件夹下又可以有很多子文件夹，子文件夹的个数、层次只受磁盘容量的限制。每个子文件夹都必须有名字，称为文件夹名。文件夹名的命名规则与文件名类似。

3. 当前盘

在计算机的多个磁盘中，通常只有一个处于前台的工作状态，用户当前打开的处于前台读写数据操作的磁盘称为当前盘。用户可改变或指定当前盘。一般地说，活动窗口中处于打开状态的磁盘即当前盘。

4. 当前文件夹

在树形目录结构的众多文件夹中，用户通常不能同时查看多个文件夹中的内容，要查看一个文件夹中包含的文件清单，必须打开该文件夹，处于打开状态的文件夹就称为"当前文件夹"，在描述当前文件夹的位置时可以用"."代表当前文件夹本身，用".."表示当前文件夹的父（上一级）文件夹。

5.1.3　电脑中有哪些文件类型

在电脑中一般包括下面几种类型的文件：

（1）程序文件：程序文件就是编程人员编制出的可执行文件。在 DOS 环境下，程序文件的扩展名为 .EXE 或是 .COM 的文件。

（2）支持文件：支持文件是程序文件所需的辅助性文件，但用户不能执行或启动这些文件。通常，普通的支持文件具有 .OVL、.SYS 和 .DLL 等文件扩展名。

（3）文本文件：文本文件是由一些文字处理软件生成的文件，其内部包含的是可阅读的文本，例如，以 .DOCX 和 .TXT 等为扩展名的文件。

（4）图像文件：图像文件是由图像处理程序生成的，其内部包含可视的信息或图片信息。例如以 .BMP、.GIF、.TIFF 等为扩展名的文件。

（5）多媒体文件：多媒体文件中包含数字形式的音频和视频信息，例如，以 .MID、.GIF 和 .mpeg 等为扩展名的文件。

（6）字体文件：在 Windows 10 中，字体文件存储在 Fonts 文件夹中。打开 Windows 10 的 Fonts 文件夹，在文件夹窗口中就会看到字体文件，如图 5-2 所示。

图 5-2

5.2　查看电脑中的文件

在使用电脑的过程中，查看电脑中的文件是经常遇到的事。比如，要查看某个文件夹下有什么文件，文件的属性等。下面就讲如何在电脑中查看文件。

5.2.1　查看各个驱动器下有些什么文件

查看驱动器中的文件方法如下：

（1）在桌面上双击"此电脑"图标，打开"此电脑"窗口，在本窗口中列出了电脑中所有的驱动器，如图 5-3 所示。

（2）在"此电脑"窗口中选中要查看的驱动器，双击选中的驱动器，或右击选中的驱动器，从右键菜单中选择"打开"命令，如图 5-4 所示。

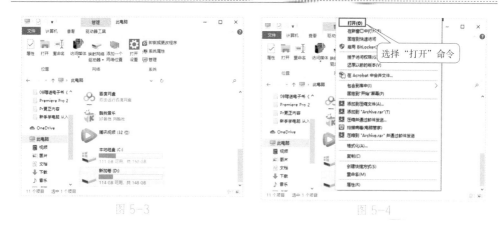

选择"打开"命令

图 5-3   图 5-4

（3）打开选中的驱动器后，可以看到该驱动器下的所有文件夹和文件，如图 5-5 所示。要查看某个文件夹下的文件，按照上述方法打开文件夹即可。

图 5-5

5.2.2 以不同方式显示文件

在 Windows 操作系统中，查看文件时可以用不同方式显示文件，以满足不同的用户。

（1）单击 Windows 的开始菜单按钮 ▦ ，然后向下滚动鼠标滚轮，直到找到索引字母 W，然后展开"Windows 系统"，从子菜单中选择"文件资源管理器"，如图 5-6 所示。

（2）在打开的"文件资源管理器"窗口的菜单栏中单击"查看"菜单选项，在其功能区的"布局"段落中选择一种显示文件的方式，如图 5-7 所示。在预览区域中将按选定的方式显示文件。

加油站：改变显示方式的另一种方法

在文件的预览区域的空白处右击鼠标，从右键菜单中单击"查看"，可从弹出的下级菜单中选择显示文件的方式，如图 5-8 所示。

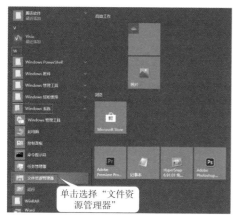

单击选择"文件资源管理器"

图 5-6

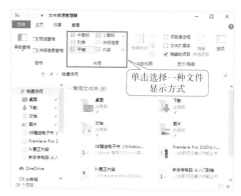

单击选择一种文件显示方式

图 5-7

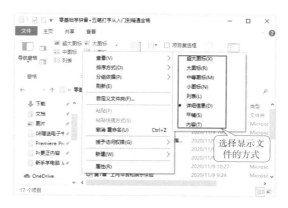

选择显示文件的方式

图 5-8

5.3 文件和文件夹操作

　　计算机中的各种信息是通过文件的形式存储并显示给用户的，包括系统文件、文本文件、程序文件等，这些文件存储着大量的信息，如何有效地管理这些文件对于提高用户使用计算机的效率意义重大。

5.3.1　新建文件和文件夹

1. 新建文件夹

　　除了安装 Windows 后系统自动生成的文件夹外，也可以自己创建各种新文件夹，把文件放在相应的文件夹中，便于将文件分类存放。文件夹还可以套用、创建子文件夹。

　　接下来就来讲解创建文件夹的具体方法。

　　（1）双击 Windows 桌面上的"此电脑"，打开"此电脑"窗口，如图 5-9 所示。

（2）双击要新建文件夹所在的磁盘，比如"本地磁盘（E：）"，打开该磁盘，如图5-10所示。

图 5-9   图 5-10

（3）使用鼠标右键单击空白区域，从弹出菜单中选择"新建"｜"文件夹"命令选项，如图5-11所示。这样就新建立了名为"新建文件夹"的文件夹，如图5-12所示。

图 5-11   图 5-12

（4）在新建的文件夹名称文本框中输入文件夹的名称，比如"我的散文诗"，如图5-13所示。

（5）按键盘上的 Enter 键或用鼠标单击该磁盘其他空白的地方，就将新建立的名为"新建文件夹"的文件夹更名为了"我的散文诗"文件夹。

2. 新建文件

文件的创建过程与文件夹的创建操作相似。

（1）右击磁盘空白处，从弹出的菜单中选择"新建"，如图5-14所示。

图 5-13

（2）选择要创建的文件类型，比如"DOCX 文档"，这样就新建了一个名为"新建 DOCX 文档 .DOCX"的 Word 文件，如图 5-15 所示。

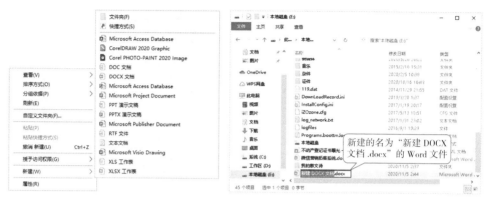

图 5-14　　　　　　　　　　　　图 5-15

（3）在新建的文件名称文本框中输入文件的名称，比如"那年的冬季"，如图 5-16 所示。

图 5-16

（4）按键盘上的 Enter 键或用鼠标单击该磁盘其他空白的地方，就将新建立的名为"新建 DOCX 文档 .docx"的文件更名为了"那年的冬季 .docx"文件。就这样，一个新的 Word 文件就被成功创建了。

5.3.2　打开文件和文件夹

1. 选定文件或文件夹

文件和文件夹的选定方法有多种，用户可以根据实际情况选择。

（1）单个文件或文件夹的选定。

方法如下：用鼠标单击文件或文件夹，或者通过键盘的上下左右键选择，当文件或文件夹被选中时，其图标处于高亮状态，如图 5-17 所示。

（2）选择多个连续排列的文件或文件夹。

方法如下：在第一个文件或文件夹处按住鼠标左键并拖动，在鼠标拖动的矩形区域中的文件或文件夹就会被选定，如图5-18所示。

选中时处于高亮状态

图5-17   图5-18

（3）选择多个不连续排列的文件或文件夹。

方法如下：用鼠标单击要选择的其中一个文件或文件夹，按住键盘的Ctrl键，然后单击选择其他需要选定的文件或文件夹就可以了，如图5-19所示。

（4）选择窗口或文件夹中的全部文件和文件夹。

同时按住键盘上的Ctrl+A组合键，则该窗口（文件夹）中的所有对象将被选定，如图5-20所示。

图5-19   图5-20

2. 打开文件或文件夹

（1）选定了文件或文件夹后，按一下键盘上的Enter键，就可以将选中的文件或文件夹打开。

（2）如果是文件，也可以先打开该文件对应的编辑软件，然后执行菜单中的"文件"/"打开"命令选项来打开文件。

5.3.3 移动文件和文件夹

文件或文件夹的移动有两种，一种是移动对象所在位置与目标位置在同一级目录（文件夹）下，另一种移动对象所在位置与目标位置不在同一级目录（文件夹）下。

1. 同一个目录（文件夹）中的移动

方法如下：

（1）选择需要移动的文件或文件夹，用鼠标拖动到目标文件夹中即可。这时移动的文件或文件夹与目标文件夹是在同一个目录（文件夹）下。

（2）右击文件或文件夹，在弹出的菜单中选择"剪切"命令，然后在目标位置单击鼠标右键，在弹出的菜单中选择"粘贴"。

（3）选择文件或文件夹，同时按住键盘上的 Ctrl 键和 X 键，然后在目标位置同时按住键盘上的 Ctrl 键和 V 键，同样可以实现上述的剪切、粘贴功能。

2. 不同目录（文件夹）间的移动

方法如下：

（1）右击需要移动的文件或文件夹，在弹出的菜单中选择"复制"命令。

（2）打开文件复制的目标位置（驱动器或文件夹）。

（3）右击目标位置中的空白处，在弹出的菜单中选择"粘贴"命令即可。

提示： ①也可以选定文件或文件夹，按键盘的 Ctrl+C 复制，然后在目标位置按键盘上的 Ctrl 键的同时再按住 V 键，移动文件或文件夹。

②按键盘的 Ctrl+C 也就是同时按主键盘上的 Ctrl 键和 C 键。

5.3.4 搜索文件和文件夹

电脑中存放的东西很多，如果存放的位置记得不是很清楚，找起来就非常困难。不过通过 Windows 10 系统自带的搜索功能，就可以很轻松地找到需要的文件或文件夹。

1. 通过"开始"右键菜单中的"搜索"框

用户可以通过"开始"右键菜单中的"搜索"框来查找存储在电脑中的文件、文件夹、程序和电子邮件等。

（1）使用鼠标右键单击"开始"按钮 ，在弹出的右键菜单中单击"搜索"命令，如图 5-21 所示。

（2）在出现的窗口的底部的"在这里输入你要搜索的内容"文本框中输入想要查找的内容，如图 5-22 所示。

图 5-21

图 5-22

（3）例如，想要查找最近访问过的与"Windows 10"相关的文件，即可在文本框中输入"Windows 10"，此时在文本框上方区域将显示出所有符合条件的信息列表，如图 5-23 所示。

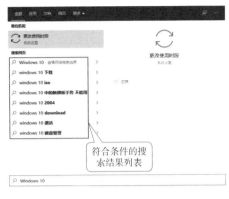

符合条件的搜索结果列表

图 5-23

2. 使用窗口中的"搜索"框

如果用户知道所要查找的文件或文件夹位于某个特定的文件夹或库中，就可以使用窗口中的"搜索"文本框进行搜索。"搜索"文本框位于每个磁盘分区或文件夹窗口的顶部，它将根据输入的内容搜索当前的窗口。

例如要在 D 盘的"安装程序"文件夹中查找关于"书法字体"的相关资料，具体的操作步骤如下。

（1）打开"安装程序"文件夹窗口。

（2）在窗口右上区域的搜索栏中的文本框中输入要查找的内容，这里输入"书法字体"，如图 5-24 所示。

（3）输入完毕将自动对窗口进行搜索，可以看到在窗口下方列出了所有文件名中含有"书法字体"信息的文档，如图 5-25 所示。

在此输入要搜索的内容

搜索结果列表

图 5-24　　　　　　　　　　　　图 5-25

5.3.5　删除文件和文件夹

如果不再需要一个文件或文件夹的时候，就可以把它删除掉，免得占用和浪费磁盘空间。文件的删除方法和文件夹的删除方法类似。

接下来以删除前面创建的名为"那个冬季 .doc"为例，讲解删除文件和文件夹的方法。方法如下：

（1）将光标移动到要删除的文件上，比如前面创建的"那个冬季 .docx"上，单击该文件以选中它，如图 5-26 所示。

（2）右击该文件，从弹出的菜单中选择"删除"选项，就把选中的文件给删除到回收站里了，如图 5-27 所示。

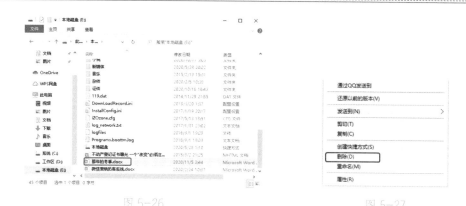

图 5-26　　　　　　　　　　　　　　　图 5-27

（3）如果要将文件或文件夹彻底删除，可右击桌面上的"回收站"图标，从弹出的菜单中选择"清空回收站"选项，如图 5-28 所示。然后在弹出的对话框中单击"是"按钮即可，如图 5-29 所示。

图 5-28　　　　　　　　　　　　　　　图 5-29

5.3.6　删除不需要的文件

在删除文件或文件夹之前，首先得选定要删除的文件或文件夹。一次可以选定一个或多个文件和文件夹，然后可以通过以下几种方式进行删除操作：

（1）按 Delete 键。

（2）单击工具栏中的 ✕ 按钮。

（3）选择"文件"菜单中的"删除"命令。

（4）使用鼠标右键单击要删除的文件或文件夹，打开右键菜单，从中选择"删除"命令。

（5）将文件或文件夹直接拖放到"回收站"上，即可将文件或文件夹放入"回收站"。

> **提示：** 记得经常清理回收站，以释放磁盘空间。

5.3.7　恢复清理回收站

通常在 Windows 10 中，被删除的文件或文件夹并没有永久删除，而是放在一个叫作"回收站"的地方，如果文件或文件夹被删错了，还可以补救，从回收站里恢复。

在"资源管理器"中单击"回收站"，或者双击桌面上的"回收站"图标，就可以打开"回收站",如图 5-30 所示。

在"回收站"窗口中可进行如下操作。

（1）清空回收站：单击窗口功能区中的"清空回收站"选项，将永久删除"回收站"内的所有内容；也可以直接在桌面或"资源管理器"中的"回收站"图标上右击，选择"清空回收站"，如图 5-31 所示。此时将弹出如图 5-32 所示的提示对话框，单击"是"按钮即可。

图 5-30

（2）还原所有项目：单击窗口功能区中的"还原所有项目"选项，将使"回收站"内的所有内容恢复到各自原来的位置。

（3）选择性删除：可以在"回收站"中选择部分内容，用前面介绍的删除文件的方法进行永久删除。

图 5-31

（4）选择性还原：选择"回收站"中的部分内容后，然后单击窗口功能区中的"还原选定的项目"按钮，如图 5-33 所示。单击"还原选定的项目"按钮；或右击鼠标，在弹出的右键菜单中选择"还原"；或在菜单栏执行"文件" | "还原"命令，均可将被选中的内容还原到原来位置。

图 5-32

图 5-33

单击该按钮，还原选定项目到删除时所在的位置

提示： 如果执行删除操作时，不想将文件放入"回收站"，而是永久删除，则可以在执行删除操作时，同时按住 Shift 键。

加油站："回收站"的设置

通过修改"回收站"的属性，可以设置在删除文件时是否放到"回收站"中，以及设置"回收站"的大小。

（1）右击桌面上"回收站"的图标 📷，打开快捷菜单，在快捷菜单中选择"属性"命令，打开"回收站属性"对话框，如图5-34所示。

（2）选取"显示删除确认对话框"复选框可以在删除文件时出现确认的提示信息，

如果不需要，可以清除该复选框。

（3）使用下面的"自定义大小"，可以设置"回收站"所占用的磁盘空间的百分比，设置的"回收站"越大，可以保存的文件就越多，当然占据的磁盘空间也就越大。如果要对某个驱动器进行设置，请单击该驱动器所在选项。

（4）如果在删除文件时不需要将文件放到"回收站"中，则选定"不将文件移到回收站中。移除文件后立即将其删除"复选框，删除的文件就不能再恢复了。该选项要谨慎使用，一般不建议将其选中，以避免错误删除之后可以在回收站中将其还原。

（5）完成以上各项的设置后，单击"确定"按钮即可。

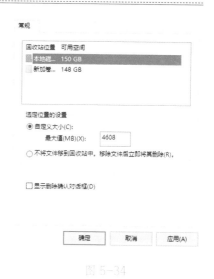

图 5-34

5.4 轻松设置文件属性

文件和文件夹都有自己的属性页，它显示了文件或文件夹的大小、位置以及文件或者文件夹的创建日期等信息。

5.4.1 禁止修改文件——设为只读

将文件的属性更改为只读后，可以防止意外的修改，在存储时拒绝以原文件名存储文件，从而保证了文件不被修改。

（1）单击 Windows 的开始菜单按钮，然后向下滚动鼠标滚轮，直到找到索引字母 W，然后展开"Windows系统"，从子菜单中选择"文件资源管理器"，如图 5-35 所示。

（2）在打开的"文件资源管理器"窗口中选择要更改属性的文件所在的文件夹，然后在右侧的文件显示窗口中选择文件或文件夹，如图 5-36 所示。

（3）单击"主页"菜单项下的"打开"段落中的"属性"按钮，在弹出的下拉菜单中选择"属性"命令，如图 5-37 所示。

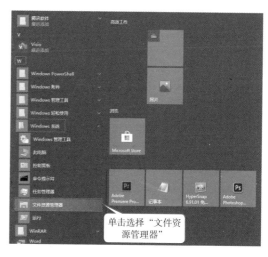

单击选择"文件资源管理器"

图 5-35

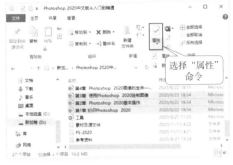

图 5-36 图 5-37

（4）在打开的属性对话框的"常规"选项栏中勾选
"只读"复选框，如图5-38所示。

（5）单击"应用"按钮，或单击"确定"按钮即可。

这样，选中的文件和文件夹中的文件的属性就修改为"只
读"属性了。

5.4.2 隐藏文件或文件夹

将文件或文件夹设置为"隐藏"属性时，在系统没有开
启显示隐藏文件的情况下，在资源管理器窗口中是不能看见
隐藏文件的。利用这一功能，我们可以将重要的文件进行隐
藏，以防别人偷看。

图 5-38

（1）单击 Windows 的开始菜单按钮，然后向下滚动
鼠标滚轮，直到找到索引字母 W，然后展开"Windows 系统"，从子菜单中选择"文件
资源管理器"，如图 5-39 所示。

图 5-39

（2）在打开的"文件资源管理器"窗口中选择要设置为"隐藏"属性的文件或文件夹，并选中它，在这里选中文件夹"参考资料"，如图5-40所示。

（3）单击"主页"菜单项下的"打开"段落中的"属性"按钮，在弹出的下拉菜单中选择"属性"命令，在打开的属性对话框的"常规"选项栏中勾选"隐藏"复选框，如图5-41所示。

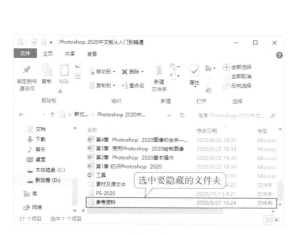

图5-40　　　　　　　　　　　　　　　　　图5-41

（4）单击"确定"按钮关闭对话框。这样，文件就被设置为"隐藏"属性了，文件图标将淡色显示。

（5）如果系统没有开启显示隐藏文件的功能，那么继续进行操作。单击窗口中"查看"菜单选项功能区中的"显示/隐藏"段落中的"选项"按钮，如图5-42所示。

（6）在打开的"文件夹选项"对话框中的"查看"选项卡里面，在"高级设置"列表框中选中"不显示隐藏的文件、文件夹和驱动器"单选框，如图5-43所示。

图5-42　　　　　　　　　　　　　　　　　图5-43

（7）单击"确定"按钮，这样系统的显示隐藏文件的功能就被打开了。被设置为"隐藏"属性的文件和文件夹，都将在窗口中看不见了。但是仍然可以使用搜索功能将其搜索出来，如图 5-44 所示。

（8）今后要再使用被隐藏起来的文件、文件夹或驱动器的时候，可以在"文件夹选项"对话框中的"查看"选项卡里面，在"高级设置"列表框中选中"显示隐藏的文件、文件夹和驱动器"单选框，然后单击"确定"按钮即可，如图 5-45 所示。

图 5-44

图 5-45

5.5 压缩和解压缩文件 / 文件夹

当在网上发送邮件时，文件过大不能发送，该怎么办？当有用的资料存储在硬盘上占据了大量的空间，但又不能删除，这时又该怎么办？使用压缩和解压缩软件可以解决这一切问题。现在，压缩软件种类很多，以 WinRAR、WinZip 最为常用，也最为稳定。

WinRAR 是现在被广泛使用的压缩工具，支持鼠标拖放及外壳扩展，支持 ZIP 档案，内置程序可以解开 CAB、ARJ、LZH、TAR、GZ、ACE、UUE、BZ2、JAR、ISO 等多种类型的压缩文件；具有估计压缩功能，可以在压缩文件之前得到用 ZIP 和 RAR 两种压缩工具各三种压缩方式下的大概压缩率；具有历史记录和收藏夹功能；压缩率相当高，而资源占用相对较少、固定压缩、多媒体压缩和多卷自释放压缩是大多压缩工具所不具备的；使用非常简单方便，配置选项不多，仅在资源管理器中就可以完成想做的工作；对于 ZIP 和 RAR 的自释放档案文件（DOS 和 Windows 格式均可），点击属性就可以轻易知道此文件的压缩属性，如果有注释，还能在属性中查看其内容。新版更加强了在信息安全和数据流方面的功能，并对不同的需要保存不同的压缩配置。

下面以 WinRAR 5.91 版软件为基础，讲解如何对文件夹进行压缩与解压缩操作。文件的压缩与解压缩的与文件夹的压缩与解压缩操作大同小异，就不重复讲解了。

5.5.1　准备 WinRAR 压缩软件

（1）首先让电脑连接上Internet。

（2）打开搜狗高速浏览器（具体下载安装和使用方法参见第6章的内容），在地址栏中输入网址http://www.51xiazai.cn/soft/5.htm，打开如图5-46所示的软件下载页面窗口。

图 5-46

（3）单击页面中的"本地下载"按钮，打开如图5-47所示对话框。

（4）单击"直接打开"按钮，系统将会自动进行下载，然后弹出如图5-48所示对话框。

图 5-47

图 5-48

（5）在打开的对话框中单击"目标文件夹"文本框右侧的"浏览"按钮，可以选择安装位置。在这里保持不变，直接单击"安装"按钮。

（6）在打开的"WinRAR 简体中文版安装"对话框中的"WinRAR 关联文件"下，单击"全部切换"选取关联所有的压缩文件类型，并选择"界面"下的"添加 WinRAR 到桌面"单选项，然后单击"确定"按钮，如图 5-49 所示。

（7）程序安装得很快，一闪就完成了，弹出如图 5-50 所示对话框，单击"完成"按钮。

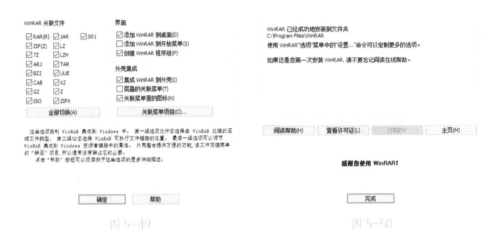

图 5-49   图 5-50

（8）此时会出现一个如图 5-51 所示的窗口，单击窗口右上侧的"关闭"按钮即可。此时就可以在电脑桌面上看到 WinRAR 应用程序的图标了，如图 5-52 所示。

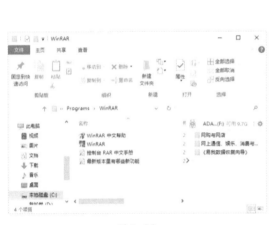

图 5-51

图 5-52

5.5.2　查看要压缩的文件夹的大小

假定要压缩的文件夹为"素材"，位于 D 盘驱动器的根目录下。

（1）双击桌面上的"此电脑"图标，打开"此电脑"窗口，显示 D 驱动器上可用磁盘空间为 114GB，如图 5-53 所示。

（2）双击驱动器 D 的盘符，在打开的窗口中，使用鼠标右键单击"素材"文件夹，从弹出的菜单中选择"属性"命令，如图 5-54 所示。

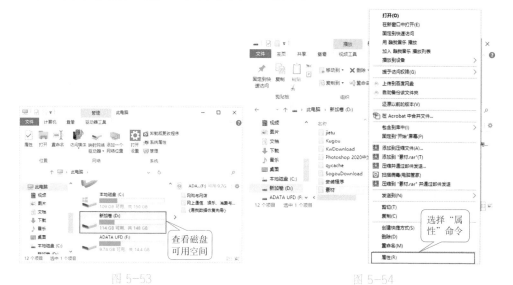

图 5-53　　　　　　　　　　　　　　图 5-54

（3）在打开的如图 5-55 所示的"素材 属性"对话框中可以看到，该图片文件夹占用的磁盘空间大小为 4.51GB。在前面已经看到了 D 盘剩余磁盘空间为 114GB，远远大于"素材"文件夹占用的磁盘空间，完全可以在 D 盘上直接对"素材"文件夹进行压缩操作。

（4）单击"取消"按钮，关闭"素材 属性"对话框。

5.5.3　使用 WinRAR 压缩文件夹

接下来使用 WinRAR 压缩软件来压缩"素材"文件夹。

1. 压缩文件夹

（1）右击"素材"文件夹，从弹出的菜单中选择"添加到压缩文件"命令，如图 5-56 所示。

（2）此时打开"压缩文件名和参数"对话框，如图 5-57 所示。

（3）在"压缩文件名"框中输入"备份 - 素材"；选中对话框中右下部位的"压缩选项"下的"创建自解压格式压缩文件"项，如图 5-58 所示。

图 5-55

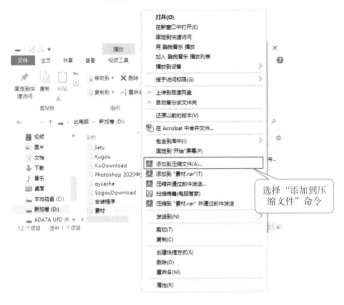

图 5-56

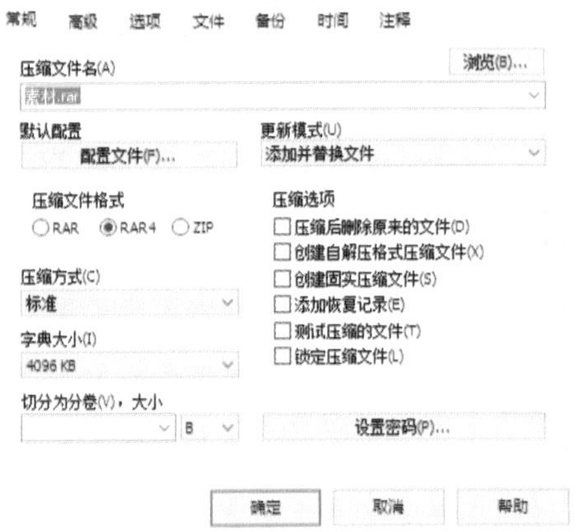

图 5-57 　　　　　　　　　　　　图 5-58

（4）单击"确定"按钮，开始对文件夹"备份－素材"进行压缩，如图 5-59 所示。

（5）由于所压缩的文件夹比较大，所以得耐心等待。压缩完毕，就在 D 盘上生成一个名为"备份－素材 .exe"的可执行文件，如图 5-60 所示。

上面的操作适用于小于 4GB 的文件或文件夹的压缩操作。

（6）很显然，此处要压缩的文件超过了 4GB，而 Windows 不能运行超过 4GB 的可执行文件。此时就需要重新压缩，在打开的"压缩文件名和参数"对话框中，将"压缩选项"下的"创建自解压格式压缩文件"项取消选中，然后单击"确定"按钮。压缩完成后，将生成一个格式为 RAR 的压缩文件，其图标与 WinRAR 软件的桌面图标一模一样，如图 5-61 所示。

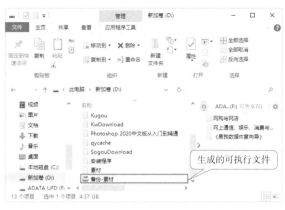

图 5-59　　　　　　　　　　　　图 5-60

2. 删除原文件夹

创建好压缩文件后，将原来的那个文件夹删除掉之后，才能达到真正为硬盘节约空间的目的。

（1）将光标移动到"素材"文件夹上，右击该文件夹，从弹出菜单中选择"删除"，如图 5-62 所示。

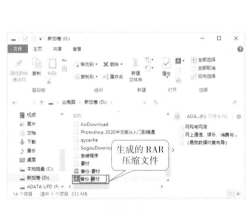

图 5-61　　　　　　　　　　　　图 5-62

（2）如果文件夹太大，无法直接放入回收站，那么将弹出如图 5-63 所示对话框，单击"是"按钮将其一次性彻底删除。

3. 解压缩文件

当需要用到"图片"中的图片文件时，就需要将"备份 – 素材 .rar"解压缩。方法如下：

（1）使用鼠标右键单击"备份 – 素材 .rar"，在弹出的菜单中选择"解压文件"命令，如图 5-64

图 5-63

所示。

（2）此时打开如图5-65所示的"解压路径和选项"对话框。单击"目标路径"文本框右侧的"浏览"按钮，可以选择解压后的文件或文件夹要放置的位置。在这里不做更改，单击"确定"按钮开始解压缩"备份-素材.rar"。

图 5-64　　　　　　　　　　　图 5-65

（3）解压缩完毕，对话框自动关闭，并在 D 盘上出现一个名为"备份-素材"的文件夹，该文件夹就是最初的那个"素材"文件夹，如图5-66 所示。

图 5-66

提示： 此时不要将"备份-素材.rar"文件删除了，等用完"图片"文件中的图片后，再将"图片"文件删除即可，这样省掉了再次压缩"图片"文件的重复工作。

5.6　文件随身带——U 盘的使用

U 盘（图 5-67）是一种移动存储交换产品，它可用于存储任何数据文件和在电脑间交换文件。U 盘使用闪存存储介质（Flash Memory）和通用串行总线（USB）接口，具有轻巧精致、使用方便、便于携带、容量较大、安全可靠、时尚潮流等特征。

图 5-67

U 盘支持 USB 接口，可直接插入电脑的 USB 接口，用来在电脑之间交流数据。从容量上讲，主流 U 盘目前容量从 16GB 到 512GB 可选。从读写速度上讲，U 盘采用 USB 3.0 接口标准，读写速度较高。从稳定性上讲，U 盘没有机械读写装置，避免了移动硬盘容易碰伤、跌落等原因造成的损坏。部分款式 U 盘具有加密等功能，令用户使用更具个性化。U 盘外形小巧，更易于携带。U 盘使用寿命主要取决于存储芯片（Flash Memory）的寿命，存储芯片至少可擦写 1 000 000 次。

5.6.1　插入 U 盘

U 盘主要是通过 USB 接口来与电脑连接，所以在使用 U 盘时都将 U 盘插入电脑的 USB 接口中。USB 接口一般都在电脑的尾部，有些电脑在开机面板上也配置了 USB 接口。

当第一次把 U 盘插入 USB 接口后，系统将自动检测到该新硬件设备，并自动为该新硬件查找并安装驱动程序（Windows 10 系统中包括了大部分硬件的简易驱动程序）。

当驱动程序安装好后，U 盘就会被系统所识别，这时会在"此电脑"窗口中显示出 U 盘的盘符，如图 5-68 所示。如果没有出现 U 盘盘符，说明系统没有识别到该 U 盘。原因可能是驱动程序不对，或者安装不正确，或者 U 盘没有插入好。可以重新安装驱动程序，或者将 U 盘拔下重新插入 USB 接口中。

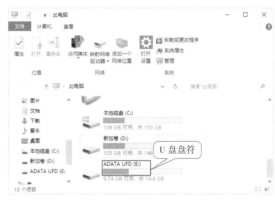

图 5-68

5.6.2　将文件拷贝到 U 盘存储设备里面

现在，人们常用 U 盘来拷贝和转换文件，因为它具有收藏方便、容量大、安全等特点。将文件拷贝到 U 盘里的操作与我们平时在硬盘驱动器间拷贝文件的操作相同：先将要拷贝的文件或文件夹选中，执行"编辑"|"复制"或"剪切"命令，然后打开 U 盘，再执

行"编辑"丨"粘贴"命令即可。当然方法不止这一种，也可以通过鼠标右键菜单来拷贝。如果能多窗口显示，还能在窗口之间通过拖曳的方法来拷贝。

5.6.3 拔出U盘

U盘主要是用来传递文件使用，所以在将文件拷贝到U盘里后，就得将U盘从电脑上拔出来。虽说U盘是即插即用的硬件，如果在拔出U盘时不使用正确的方法也会造成U盘的损坏和数据的丢失。

1. 正确拔出U盘的方法

一般可以按下面的方法拔出U盘。

（1）关闭所有与U盘相关的文件和窗口。

（2）单击任务栏中的"显示隐藏的图标"按钮 ，如图5-69所示。

（3）单击"安全删除硬件并弹出媒体"图标按钮 ，如图5-70所示。

图 5-69　　　　　　　　　　　　　　　　　图 5-70

（4）在弹出的对话框的列表中单击要弹出的U盘对应所在行，如图5-71所示。

系统将选择的U盘硬件从系统中删除掉，当出现如图5-72所示的提示信息后，就可以安全地拔下U盘了。

图 5-71　　　　　　　　　　　　　　　　　图 5-72

2. 卸载U盘时提示"现在无法停止'通用卷'设备"

有时候我们在弹出U盘时，系统会提示"现在无法停止'通用卷'设置"，这往往是因为在U盘中还有与之相连接的应用程序在工作，即使我们已经将应用程序关闭，特别是程序在不正常的情况下关闭，这在Windows 10中很常见。在这种情况下如果要安全地拔出U盘，可以采用下面的方法：

方法1：使用鼠标右键单击开始菜单按钮 ，然后执行"关机或注销"丨"注销"命令。这样一般都可以停止使用U盘中的文件。然后再按照前面的方法拔出U盘。如果还不行的话，可以采用方法 2。

　　方法 2：重新启动系统。使用鼠标右键单击开始菜单按钮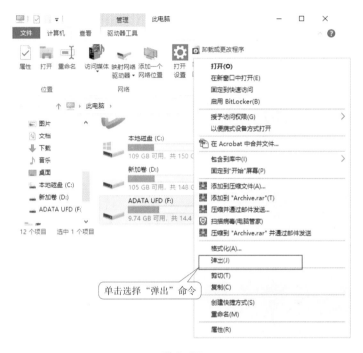，然后执行"关机或注销"|"重启"命令。在系统启动完成后，再按照前面的方法拔出 U 盘。

　　方法 3：如果觉得方法 1、方法 2 过于麻烦，也可以使用下面的方法。

　　在"此电脑"窗口里找到移动 U 盘，使用鼠标右键单击它，从弹出的菜单中单击"弹出"命令，如图 5-73 所示。然后再硬拔 U 盘即可。

图 5-73

　　提示： 在没有读写数据时硬拔是没有关系的，但是为了安全还是建议通过使用弹出 U 盘的功能，这样做是为了确保是在没有读写 U 盘的情况下退出 U 盘。

第 6 章

使用电脑上网冲浪

上网冲浪，现在可以说是许多人的"家常便饭"了。但对于初学电脑的人来说，可能还是不知道怎样去"冲浪"。本章就来讲解如何通过电脑进行上网的各种操作。

本章导读

6.1 上网能干什么

现在网络越来越普及，上网人数也变得越来越多，在网上能做的事情也不少，下面就来看看上网究竟可以做什么。

（1）上网知天下事。

网上最基本也是最简单的应用莫过于浏览信息。目前，几乎所有网站的主页都分门别类地制作了各种超级链接，能把整个网络世界联成一体。传统媒体，如报刊、电台、电视等均建立了网站，可以让人足不出户尽知天下事。诸如普通人关心的天气情况，生意人关心的客户联系电话或产品种类价格情况，在网上均"得来全不费工夫"。

（2）上网购物。

网上有很多购物平台，有的物美价廉，很划算。

另外，订票等一系列业务也已成气候，现在有不少机构、商场和书店建立了网上业务体系，一大批电子商务网站如雨后春笋，层出不穷。

（3）上网了解旅游攻略。

旅游前，可以上网了解该地区情况。

（4）上网玩游戏。

网络游戏很多，免费的也很多，基本只要上网就能玩。

（5）上网聊天交友。

上网可以通过聊天软件来和不同的人聊天，了解不同地区的风土人情或工作沟通。

（6）上网学习。

网上也有很多学习资源可供学习参考。

（7）上网娱乐。

网上有很多影视音乐作品和娱乐节目可供欣赏。

（8）上网软件用不完。

网上的优秀免费软件、共享软件多如牛毛，下载到自己的电脑里更是易如反掌。网上软件内容新颖实用，拿来就用，用后不满意随时删除。

（9）上网赚钱。

网上有很多平台可以通过开网店赚钱；还有很多新媒体平台可以通过做直播或发表小说、文章、音频和视频等，以赚取收益。

6.2 使用 Microsoft Edge 浏览网页

目前，我们可以使用微软的 Microsoft Edge 浏览器上网浏览网页；也可以借助一些 IT 公司开发的浏览器，如搜狗浏览器、360 浏览器、百度搜索引擎等来浏览网页。

下面来介绍浏览网页的一些基本操作。

1. 启动 Microsoft Edge 浏览器

启动 Microsoft Edge 浏览器的方法如下：

（1）单击 Windows 系统左下侧的"开始"菜单按钮▦。

（2）从弹出的菜单中下翻到 M 字母栏，然后单击"Microsoft Edge"，如图 6-1 所示。此时就启动了 Microsoft Edge，如图 6-2 所示。

图 6-1

图 6-2

Microsoft Edge 默认启动的搜索引擎是 Bing，但是 Bing 的体验并不是很好。

在窗口的显示区域中显示了被打开页面的内容，用户可以用鼠标在显示页面内滑动，当鼠标指针停留在某一个区域上（通常是一个词组或图片对象）时，它就变为 🖑 的形状，说明该位置是一个超链接点（通常链接点所定义的对象也会在鼠标指向的时候发生变化，以提示用户注意），此时单击鼠标左键，即可打开对应的网页。

2. 更改默认搜索引擎

Microsoft Edge 默认启动的搜索引擎 Bing 的体验并不是很好，可以将其更改为 www.baidu.com。

（1）单击 Microsoft Edge 启动页面中右上角的三个点按钮 ··· 以打开如图 6-3 所示菜单。

（2）在"常规"选项卡中，单击"添加新页"超链接按钮，如图 6-4 所示。

图 6-3

图 6-4

（3）输入 www.baidu.com，然后单击右侧的保存按钮 🖫，这样就把默认搜索引擎从 Bing 更改为了百度搜索引擎，如图 6-5 所示。

（4）关闭浏览器，再次打开 Microsoft Edge，画面如图 6-6 所示。

图 6-5　　　　　　　　　　　　　　　　图 6-6

接下来上网浏览的基本操作与下面要介绍的搜狗高速浏览器大同小异，加上该浏览器的使用习惯与大部分国人的使用习惯有差异，所以就不做进一步的讲解了。

6.3　使用搜狗浏览器浏览网页

6.3.1　下载、安装与启动搜狗高速浏览器

搜狗高速浏览器由搜狗公司开发，基于谷歌 chromium 内核，力求为用户提供跨终端无缝使用体验，让上网更简单、网页阅读更流畅。搜狗高速浏览器首创"网页关注"功能，将网站内容以订阅的方式提供给用户浏览。搜狗手机浏览器还具有 Wi-Fi 预加载、收藏同步、夜间模式、无痕浏览、自定义炫彩皮肤、手势操作等众多易用功能。

（1）启动 Microsoft Edge 浏览器。

（2）在搜索输入文本框中输入"搜狗浏览器"，然后单击"百度一下"按钮或直接按回车键 Enter，如图 6-7 所示。

（3）在打开的页面中找到"搜狗浏览器_官方最新版_51 下载"字样，如图 6-8 所示。

图 6-7　　　　　　　　　　　　　　　　图 6-8

（4）单击"立即下载"，在打开的页面中，单击底部的"运行"按钮，如图6-9所示。

（5）系统将自动下载安装搜狗浏览器。安装成功，在电脑桌面上就会看到"搜狗高速浏览器"的应用程序图标，如图6-10所示。

搜狗高速浏览器桌面图标

图 6-9   图 6-10

（6）双击该图标，就可以打开搜狗浏览器进行上网操作了，如图6-11所示。

（7）第一次打开搜狗浏览器的时候，在左上角会出现"将搜狗浏览器设为默认锁定"的字样提示，单击提示信息右侧的"确定"按钮，将其设置为默认的上网浏览器，如图6-12所示。

图 6-11   图 6-12

（8）在打开的"设置"页面中，单击"Web 浏览器"下方的"Internet Explorer"，如图6-13所示。

（9）在弹出菜单中单击选择"搜狗高速浏览器"选项，如图6-14所示。

（10）单击窗口右上角的"关闭"按钮×将设置页面关闭即可。

图 6-13　　　　　　　　　　　　　图 6-14

6.3.2　输入网址浏览网站

启动搜狗浏览器后，如果想要连接到其他站点，就要输入一个网站地址。Internet 收到网址后，会帮您在网络上找到这个站点，并进行连接。以下是输入网址浏览网站的两种方法。

1. 浏览器在地址栏中输入网址

（1）在浏览器窗口的地址栏输入要访问的网址，比如"www.sohu.com"。然后按Enter 键，如图 6-15 所示。

（2）输入网址后，Internet 会在网络上搜索指定连接的 www 站点，找到网站后，它就会开始将网站内容透过网络传送到浏览器上。图 6-16 所示为打开的搜狐网站页面。

图 6-15　　　　　　　　　　　　　图 6-16

2. 从列表中选择网址

单击地址栏右侧的"查看下拉列表"按钮 ，从弹出的下拉列表中选择曾经登录的网址，如图 6-17 所示。

3. 从"此电脑"窗口打开网页

打开"此电脑"窗口，在"地址"文本框中输入网址，然后按 Enter（回车键），也可以打开网页浏览网站，如图 6-18 所示。

 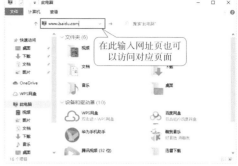

图 6-17 　　　　　　　　　　　图 6-18

6.3.3　我的最爱我收藏——把网页加到收藏夹

在收藏夹中我们可以记录一些经常登录网址，它不一定要是网站的首页面，任何一个可链接的页面都可以添加到收藏夹里。

下面以把名为"东方刀剑网"（http://www.234123.net）的主页面添加到收藏夹的操作为例讲述具体操作方法。

（1）打开东方刀剑网页后，将光标移动到右上角的"显示菜单"按钮 上面并单击，如图 6-19 所示。

（2）在弹出菜单中依次选择"收藏"|"添加到收藏夹"命令，如图 6-20 所示。

图 6-19 　　　　　　　　　　　图 6-20

（3）在出现的"添加到收藏夹"对话框中，名称栏会显示预设的网页名称，这里显示的是"东方刀剑网"，我们可以自行取名，然后单击"确定"按钮，如图 6-21 所示。

提示： 直接单击工具栏中的 收藏 图标，可在窗口左侧显示收藏夹窗口，再单击"添加到收藏夹"命令，也能打开"添加到收藏夹"窗口。

（4）网站加入收藏夹后，以后只要单击 收藏 图标，在打开的列表中选择网页名称，Internet 就会与该名称所对应的网站链接。

6.3.4　整理收藏夹

常去的站点越多，添加到收藏夹的站点名称也跟着增多，这么多的站点反而不好查找了。这时就需要对收藏夹进行分类管理了。Internet 的收藏夹引用了文件管理的文件夹模式，并将分组同样称为"文件夹"，每一个文件夹中可以放置若干个网站地址和子文件夹。使用这种方法管理收藏的网站地址，众多的网站地址就方便查找和使用了。以下是整理收藏夹的操作步骤。

图 6-21

1. 打开"整理收藏夹"对话框

（1）将光标移动到右上角的"显示菜单"按钮 上面单击。

（2）从下拉菜单中选择"收藏"|"整理收藏夹"，如图 6-22 所示。

2. 创建文件夹

（1）在弹出的"本地收藏夹"页面中单击"新建文件夹"按钮，然后单击弹出菜单中的"新建收藏"，如图 6-23 所示。

图 6-22

图 6-23

（2）在页面左侧的列表框中使用鼠标右键单击"新建文件夹"名称，在弹出菜单中选择"重命名"，如图 6-24 所示。

（3）输入文字"文化艺术"，这样就将新建收藏重命名为了"文化艺术"，如图 6-25 所示。

图 6-24

图 6-25

3. 归类文件

（1）单击展开"收藏夹栏"，然后移动鼠标光标到收藏的"中国刀剑网"上面，按住鼠标左键，直接拖拽到左侧的"文化艺术"里面，如图 6-26 所示。

（2）再单击"文化艺术"，就会看到"中国刀剑网"已经陈列在列表里面了，如图 6-27 所示。

图 6-26

图 6-27

按照上面的操作步骤，分门别类地整理所有网页链接文件。这样，在下次启用网页时，查找起来方便多了。

在整理过程中，为了方便记忆，可以使用"重命名"将网页文件名称重命名为方便记忆的名称。

6.3.5 保存网页

如果我们在浏览的过程中发现某一页面中的内容比较有用，希望将其保存在本地计算机中，以便今后仔细阅读，可以将浏览器中的网页以 HTML 格式保存到本地计算机中。

下面就以保存在网址 https://jiankang.163.com/20/1106/00/FQN6MNLL00388050.html 中的名为"秋冬涮火锅一涮撑不住？健康吃法看这里"页面的操作为例讲述具体操作方法。

图 6-28

（1）将光标移动到右上角的"显示菜单"按钮 ☰ 上面单击。

（2）从下拉菜单中选择"另存为"右侧的"文件"按钮，如图 6-28 所示。

（3）弹出"另存为"对话框后，首先指定网页保存的位置。

（4）在"文件名"中输入名称，也可以不做修改。

（5）单击"保存"按钮，如图6-29所示。

提示： 保存到本地计算机中的网页除了HTML文件之外，还有一个与HTML文件同名的文件夹，其中保存了网页中的图片、音频等一些组件文件，如图6-30所示。

图 6-29

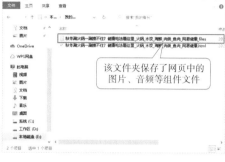

该文件夹保存了网页中的图片、音频等组件文件

图 6-30

6.3.6 清理浏览器中的历史信息

使用搜狗浏览器浏览网页的过程中，会自动保存最近访问的一些网站地址，提供给用户查找和使用。但是，随着时间的推移，历史信息里面的东西越来越多，会影响电脑的运行速度，占用系统资源。这个时候，就需要进行定期的清理，删除历史信息。以下是清理浏览器中的历史信息的操作步骤。

（1）将光标移动到右上角的"显示菜单"按钮⊟上面单击。

（2）从下拉菜单中选择"历史记录"命令，如图6-31所示。

单击选择"历史记录"命令

图 6-31

（3）在打开的"历史记录"页面，单击右侧的"清空历史记录"按钮，就会将访问网页的记录列表清空，如图 6-32 所示。

图 6-32

（4）在弹出的"清空历史记录"对话框中，单击"确定"按钮，如图 6-33 所示。就会看到"历史记录"页面的记录列表变空了，如图 6-34 所示。

图 6-33

图 6-34

6.3.7 设置 IE 默认启动主页

可以将自己常去的网址（如中西汽车网）设置为浏览器的启动界面，以后每次启动浏览器时就可以直接进入自己喜爱的网页。

以下是设置浏览器默认启动主页为网易新闻主页面（https://news.163.com）的操作步骤。

（1）在搜狗浏览器中打开网易新闻主页面（https://news.163.com）。

（2）将光标移动到页面右上角的"显示菜单"按钮 ☰ 上面单击。

（3）从下拉菜单中选择"选项"命令，如图 6-35 所示。

（4）在打开的"选项 | 基本设置"页面的"基本设置"选项卡中，单击选择"主页"下面的"自定义"选项，然后单击"设置网址"，如图 6-36 所示。

单击选择"选项"命令

图 6-35

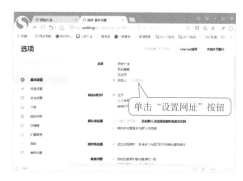

单击"设置网址"按钮

图 6-36

（5）此时打开了"自定义主页"对话框，单击"添加新网页"右侧的文本输入框，在其中输入 https://news.163.com，如图 6-37 所示。

（6）将鼠标光标放置到"网址大全"所在行上，然后单击其右侧的×按钮，将该项删除掉，如图 6-38 所示。

图 6-37

图 6-38

（7）单击"确定"按钮，在单击"选项 | 基本设置"页面右上角的"关闭"按钮❌关闭该页面即可。以后再启动搜狗高速浏览器，就会直接进入如图 6-39 所示的页面。

（8）更改了浏览器的默认启动页面以后，如果想访问其他页面，可以通过在顶部的地址栏中直接输入网址进行访问；或者，单击顶部工具栏中的 **网址导航**按钮，在打开的如图 6-40 所示的"网址大全"页面进行操作。

图 6-39

图 6-40

6.3.8 使用"搜索"按钮查找信息

在浏览器中，有一个搜索按钮，为我们搜索信息提供了方便。在这里我们以查询"卡通"一词为例，为读者介绍使用"搜索"按钮查找信息的方法。以下是操作步骤。

（1）打开搜狗浏览器，在"输入文字搜索"文本框中输入要查找的信息，比如"卡通"，然后单击右侧的"搜索"按钮，如图6-41。

（2）系统进入搜索状态，然后打开搜索结果页面，如图6-42所示。此时，单击想要查看的链接，就可以在浏览器窗口打开相应的网页页面。

图 6-41

图 6-42

6.3.9 使用关键词搜索查找信息

在搜狗搜索输入框中直接键入要查找的信息的关键字符，然后按 Enter 键，就可以出现一个搜索结果页面，再单击链接就可以显示对应的 Web 页。以下是通过在搜狗搜索输入框输入关键词查找信息的操作步骤。

（1）在搜狗搜索输入框中输入关键词"军事文化"，如图6-43所示。

（2）按 Enter 键，浏览器在 Internet 上开始搜索"军事文化"关键词，然后打开一个新页面将搜索结果列出来，如图6-44所示。

图 6-43

图 6-44

（3）在搜索结果页面中根据其内容说明，选择自己需要的相关链接，并单击打开该网页，如图6-45所示为单击搜索结果列表中的相关链接文本，打开的"中国军网"中的"军旅文化"页面。

图 6-45

　　此外，还可以使用"+"和"-"组合关键字来进行相关搜索，比如："茶杯+产地+工艺""手机+摄像头+广角""苹果+健康+注意事项"等，使得搜索结果更为精确。

6.3.10　在当前网页中搜索文本

　　可以在打开的网页中，快速查找相关的文本信息。
　　（1）在打开的网页中，将光标移动到页面右上角的"显示菜单"按钮  上面单击。
　　（2）从下拉菜单中选择"在页面内查找"命令，如图 6-46 所示。

单击选择"在页面内查找"

图 6-46

（3）在页面右上侧出现的文本输入框中输入要查找的信息，比如在这里输入"老兵"，如图6-47所示。输入完毕，按 Enter 键，在当前页面就会将查找到的相关信息以橙色标识进行显示。

图 6-47

（4）单击"下一个查找结果"按钮 ∨，Internet 就会开始查找下一个与刚键入内容有关的文本并以黄色或橙色标识出来；单击"上一个查找结果"按钮 ∧，页面将滚动返回到上一处查找结果的显示屏幕处。

（5）查找完毕，最后单击输入框右侧的"关闭查找栏"按钮 ✕，将其关闭。

第 7 章
电脑优化、维护与故障排除

本章导读

　　本章主要讲解如何保养、维护电脑，电脑出了故障如何应对及常见电脑故障分析与排除，以便更好地使用电脑。

7.1 使用及保养好电脑

在享受电脑带来便利的同时，一定要记得爱护它，时刻呵护它，给它提供一个良好的"生存"环境，养成正确使用它的好习惯。

7.1.1 良好的使用环境

在电脑的使用过程中，环境因素对电脑的正常使用有着很大的影响，良好的工作环境是电脑长期稳定运行的一个重要保障，与电脑的使用寿命和故障率有着直接的影响。所以，应该尽量给电脑创造一个良好的使用环境。

1. 给电脑一个适宜的温度环境

电脑的芯片和元器件对温度非常敏感，过高的温度会使元器件加速老化或损坏；低温也容易造成数据读写出错。适宜的温度范围是：开机时 15~30℃为宜；关机时 5~40℃为宜。

2. 让电脑所处环境的湿度保持适中

湿度过高会使元器件表面结水，腐蚀电路造成短路；湿度过低，容易产生静电，烧坏芯片。适宜的湿度范围是：开机时相对湿度 40%~70% 为宜；关机时相对湿度 10%~80% 为宜。

3. 给电脑一个干净的环境

灰尘能够增加触点的接触阻抗，它吸附在磁介质表面还会造成磁头磨损，划伤磁盘，使数据丢失，因此要加强工作环境的防尘措施，保持工作环境的清洁。

4. 给电脑提供稳定的工作电压

电脑系统对供电电压允许的波动范围一般是额定电压值的 ±5%，电压过高，很容易造成系统的损坏和数据丢失及磁盘盘面的划伤，因此，在供电不正常的地方，必须配置不间断电源（UPS）。另外，电脑的电源应避免与大功率电器并联使用。

5. 注意防振

电脑要远离动源，工作台要稳固可靠，电脑主机与打印机要尽量不要放到一张工作台上，以防止打印机的振动传到主机上，增加系统的故障率。

6. 要有充足的光线

工作环境要有充足的光线，才能保证操作的准确性，并提高效率，减少视觉疲劳。

7. 防磁防静电

（1）远离电磁设备。较强的磁场可能会磁化显示器，使硬盘上的数据丢失等。

（2）防止静电。可以为电脑安装地线、保持适宜的室内温度，室内最好不要铺地毯，或使用防静电地毯。

7.1.2 养成使用电脑的好习惯

电脑和Internet已经成为人们工作中必不可少的工具，养成良好的使用习惯将使工作更为顺畅。接下来介绍一些使用电脑应该养成的好习惯。

（1）保证足够的光线和良好的通风。光线不能太弱，也不能太强，适度即可。房间的空气最好能流动通风。

（2）保持正确的坐姿。操作电脑时，背部最好贴近座椅靠背，不要弯腰；上臂自然垂直，前臂与上臂成90°；显示器距眼睛至少要50cm，最好让眼睛平视或略微俯视屏幕。青少年正在长身体的阶段，如果坐姿不好，会影响青少年的生长发育，因此更要注意坐姿。

（3）尽量避免使用小键盘（键盘最右边的数字键）。小键盘只能以指尖工作，容易导致手指麻木和手腕疼痛。

（4）连续使用电脑的时间不要太长。最好不要超过2小时，一天累计不宜超过4小时，要劳逸结合，每隔半小时最好能做一下放松活动。

（5）不要靠近显示器的侧面和背面，因为其辐射比正面大几倍，极易对人体造成损害。

（6）要注意卫生。使用电脑时，最好不要边吃零食边操作，这样容易造成消化不良。在操作过程中接触电脑键盘多，一定要注意养成良好的卫生习惯，用完电脑后及时洗手，以防"病从口入"。

（7）硬盘读写时不能关掉电源。当电脑的硬盘指示灯不停地闪烁，表示硬盘的盘片在高速旋转，请不要强行断电、关机或按Reset按钮热启动。在硬盘高速旋转时，突然关掉电源，将导致磁头与盘片猛烈摩擦，从而损坏硬盘，所以在关机时，一定要注意面板上的硬盘指示灯，确保硬盘完成读写之后才关机。

（8）不要随意插拔CPU，以免损坏CPU。

（9）及时清除CPU风扇与散热片上的灰尘。由于CPU风扇与风扇下面的散热片是负责通风散热的工作，要不断旋转使平静的空气形成风，因此对于空气中的灰尘也接触得较多，这样就容易在风扇与散热片上囤积灰尘，从而影响风扇的转速，使得散热不佳。

（10）保持键盘的清洁。过多的灰尘会给电路正常工作带来困难，有时造成误操作，杂质落入键位的缝隙中会卡住按键，甚至造成短路。在清洁键盘时，可用柔软干净的湿布来擦拭，按键缝隙间的污渍可用棉签清洁，不要用医用消毒酒精，以免对塑料部件产生不良影响。清洁键盘时一定要在关机状态下进行，湿布不宜过湿，以免键盘内部进水产生短路。

（11）避免将液体洒到键盘上。一旦液体洒到键盘上，会造成接触不良、腐蚀电路造成短路等故障，损坏键盘。

（12）在按键的时候一定要注意力度适中，动作要轻柔，强烈的敲击会减少键盘的寿命，尤其在玩游戏的时候按键时更应该注意，不要使劲按键，以免损坏键帽。

（13）在更换键盘时不要带电插拔，带电插拔的危害是很大的，轻则损坏键盘，重则有可能会损坏计算机的其他部件，造成不应有的损失。

（14）避免摔碰鼠标和强力拉拽鼠标的导线。

（15）单击鼠标时不要用力过度，以免损坏鼠标的弹性开关。

7.2 电脑的日常维护

7.2.1 不要懒惰——定期清理磁盘

每次删除文件时，资源回收站就会多出东西，上网时也会从网站抓下很多文件暂存在磁盘中，久而久之，磁盘空间会越来越少，计算机使用效能就会受到影响，此时可以清理一下磁盘。

（1）单击 Windows 系统左下侧的开始菜单按钮 。

（2）从弹出的菜单中下翻到 W 字母栏，然后单击"Windows 管理工具"将其展开，在展开列表中单击"磁盘清理"选项，如图 7-1 所示。此时打开"磁盘清理"对话框，如图 7-2 所示。

（3）在"驱动器"的下拉列表中可以选择要进行清理的磁盘驱动器，在这里选择"系统（C:）"，然后单击"确定"按钮，如图 7-3 所示。此时打开"系统（C:）的磁盘清理"对话框，如图 7-4 所示。

（4）从"要删除的文件"列表中选取要清理的项目。

图 7-1　　　　　　图 7-2

> **提示：** 在可以清理的文件类型中，"已下载的程序文件"一般所占空间较大，是优先清理的项目。除此之外，列表中的其他选项都是可以被选中加以清理的。

图 7-3　　　　　　图 7-4

（5）选择完毕，单击"确定"按钮。

（6）出现确认要运行清理操作的信息框后，单击"删除文件"按钮，如图 7-5 所示。此时系统开始清理磁盘，并出现一个进度显示框，如图 7-6 所示。清理完毕，进度显示框自动消失。

图 7-5　　　　　　　　　图 7-6

7.2.2　定期整理和优化磁盘碎片

碎片整理和优化驱动器程序将计算机硬盘上的碎片文件和文件夹合并在一起，以便每一项在卷上分别占据单个和连续的空间。这样，系统就可以更有效地访问文件和文件夹，更有效地保存新的文件和文件夹。通过合并文件和文件夹，磁盘碎片整理程序还将合并卷上的可用空间，以减少新文件出现碎片的可能性。

1. 启动碎片整理和优化驱动器程序

（1）单击 Windows 系统左下侧的开始菜单按钮███。

（2）从弹出的菜单中下翻到 W 字母栏，然后单击"Windows 管理工具"将其展开，在展开列表中单击"碎片整理和优化驱动器"选项，如图 7-7 所示。此时就打开了"优化驱动器"对话框，如图 7-8 所示。不建议启动自动优化，所以不要去点"启动"按钮。

图 7-7

图 7-8

2. 开始分析驱动器碎片化程度

选择需要进行碎片整理的驱动器，在这里选择的是 C: 盘；然后单击"分析"按钮。分析要经过一段很长的时间，具体时长要根据电脑的配置高低和系统的碎片化程度而定。如果需要优化，则会看到如图 7-9 所示的提示信息"需要优化"字样。

3. 优化驱动器

（1）单击"优化"按钮，首先仍然要经过分析过程，如图7-10所示。耐心等待碎片整理，时间可能会很长，如图7-11所示。

（2）优化完毕。可以选择剩余的驱动器进行优化操作，最后单击"关闭"按钮即可。

图 7-9

图 7-10　　　　　　　　　图 7-11

7.2.3　Windows 数据备份

电脑使用率太高，损坏的概率就大，所以及时地做好系统备份，可以避免很多损失，那在 Windows 10 怎么进行系统备份呢？

在进行如下工作之前，首先找一个空间较大的硬盘分区或外接存储设备作为数据备份的存储空间。

在 Windows 10 中制作备份的操作方法如下：

（1）单击 Windows 系统左下侧的开始菜单按钮■。

（2）从弹出的菜单中单击选择"设置"，如图 7-12 所示。

（3）在打开的"Windows 设置"对话框中下翻到底部，然单击"更新和安全"，如图 7-13 所示。

图 7-12　　　　　　　　　图 7-13

（4）单击"备份"，如图 7-14 所示。

（5）单击"转到备份和还原"（Windows 7）选项，如图 7-15 所示。

（6）单击"设置备份"，如图 7-16 所示。此时出现"设置备份"对话框，提示"正在启动 Windows 备份"，如图 7-17 所示，耐心等待。

图 7-14

图 7-15

图 7-16

图 7-17

（7）在出现的对话框中选择保存备份的位置，在这里选择 E: 盘，单击"下一步"按钮，如图 7-18 所示。

（8）单击"下一步"按钮，选择需要备份的内容。从图 7-18 可以看到，所选 E: 盘驱动器磁盘空间不是很够用，为了演示之便，选择"让我选择"，如图 7-19 所示，然后单击"下一步"按钮。

图 7-18

图 7-19

（9）在出现的对话框中选择希望备份的内容，如果所选择的备份内容要保存的位置所在的驱动器空间足够大，那么可以全部选择上。然后单击"下一步"按钮，如图7-20所示。

（10）在出现的对话框中单击"保存设置并运行备份"按钮即可，如图7-21所示。运行需要一定时间，慢慢等待直到完成。

图 7-20

图 7-21

7.3 电脑出故障了怎么办

7.3.1 电脑故障的分类

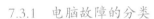

电脑故障主要分为硬件故障（简称硬故障）和软件故障（简称软故障）两种类型。它们分别与电脑的硬件和软件有关。

1. 硬件故障

硬件故障是指主机和外设硬件系统使用不当或硬件物体损坏所造成的故障，如，内在接触不良、主板芯片损坏、显示器指示类无电源显示、键盘个别键不灵、打印机卡纸、系统检测不到即插即用的 Modem 等。硬故障又可分为"真"故障和"假"故障两种。

"真"故障主要是由于外界环境、用户操作不当、硬件自然老化或产品质量低劣等原因所引起的，如电源烧毁、内存芯片被静电击毁、主板电容烧毁、鼠标的弹簧失效、显示器行输出变压器烧毁、打印机喷头损坏等。

"假"故障一般与硬件安装、设置不当、外界环境或用户误操作等因素有关，如主板电源没连接、显示器亮度开关置于最低、打印机电源线接触不良、键盘和鼠标插错了位置、打印机缺墨等。

2. 软件故障

软件故障即相关的设置或软件出现故障，导致电脑不能工作，如 CD-RW 未正确加载驱动程序、鼠标被设置为左手习惯、网卡与声卡发生冲突等。引起故障的主要原因有：

（1）系统配置不当，未安装驱动程序或驱动程序之间产生冲突。

（2）内存管理设置低，如内存管理冲突、内存管理顺序混乱、内存不够等。

（3）病毒感染，使屏幕出现异常显示、打印机无法工作、鼠标失灵、刻录机不工作等。

（4）软、硬件不兼容。

（5）软件安装、设置、调试、使用和维护不当。

大部分电脑外设故障都是软件故障或假故障，但软、硬件并没有很明显的界限，很多硬故障都是由于软件使用不当引起的，而很多软件故障也是因硬件不能正常工作引起的。因此，在实际分析处理故障时一定要全面分析，不能被其表面现象所迷惑。

7.3.2　检测电脑故障的基本方法

在排除了"假故障"后，可以先观察各部件及其电子元件的外观，观察部件有没有高压击毁的迹象，或者明显的伤痕。若存在明显的故障迹象则部件一目了然；若都没有，可以使用下面的方法进行检测。

1. 清洁法

任何设备的电路板等关键部件积尘太多都会导致故障，因此对于使用了较长时间的设备，应首先进行清洁，用毛刷轻轻刷去上面的灰尘。如果灰尘已清扫掉，故障仍然存在，才表明硬件存在其他问题。

2. 拔插法

如果一些芯片、板卡与插槽接触不良，将这些芯片、板卡拔出后再重新正确插入，则可以解决因安装时接触不良引起的微机部件故障。

3. 运行环境定位法

当确定是软件故障时，还要进一步弄清当前是在什么环境下运行什么软件，是运行系统软件还是运行应用软件，以便定位是操作系统故障还是应用程序出错。仔细了解系统软件的版本和应用软件的匹配情况。

4. 查杀病毒法

充分分析出现的故障现象是否与病毒有关，要及时查杀病毒。

7.3.3　电脑故障诊断与排除应遵循的基本原则

电脑维修并不是想象的那么难，只要方法得当，很快就能上手。下面讲解一下电脑故障诊断与排除应遵循的基本原则。

1. 仔细观察

（1）仔细观察电脑的特征和所显示的内容，以便出现问题时好比较它们与正常情况下的异同。

（2）仔细观察电脑内部的环境（注意一般要在关闭外接电源的情况下进行）。灰尘是否太多，各部件的连接是否正确，如内存和显卡是否接插到位，器件的颜色是否正常，是否有烧坏的痕迹，部件是否有变形的现象，指示灯的状态是否和平时一样等。

（3）仔细观察电脑的软硬件配置。了解安装了哪些硬件和应用软件、系统资源的使用情况、使用的是哪种操作系统、硬件的驱动程序版本等。

（4）仔细观察电脑周围环境。所在位置是否存在电磁波或磁场的干扰，电源供电是否正常，各部件的连接是否正确，环境温度是否过高，湿度是否太大等。

总的来说，观察一般包括"看、听、闻、摸"四个步骤。看，一般又分为两个方面：一看故障现象，根据现象来分析产生故障的原因；二看外观，包括是否变形、变色、裂纹、虚焊等。听，主要是听报警声和异响声，根据声音来判断故障。闻，主要是闻主机是否有烧焦的味道。摸，主要是触摸元器件表面是否有烫手的感觉，一般元器件表面温度为 $40 \sim 50℃$，注意在触摸前要放掉身上的静电。

2. 根据现象先分析再动手

首先根据观察到的故障现象，分析可能产生故障的原因。先想好怎样做、从何处入手，再实际动手。

然后对所观察到的现象，应先根据以前的经验着手试一下。若问题没有得到解决，再尽可能地去查阅相关的资料，看有无相应的技术要求、使用特点等。

最后根据查阅到的资料，结合自身已有的知识、经验来进行判断。对于自己不太了解或根本不了解的，一定要向有经验的同事或厂方技术支持工程师咨询，寻求帮助。

3. 先软后硬

从整个维修判断的过程看，总是先判断是否为软件故障。对于不同故障现象，分析的方法不一样。待软件问题排除后，再着手检查硬件。

4. 先主后次

在维修的过程中尽量复现故障现象，以了解真实的故障原因。有时可能会看到一台故障机不只一个故障现象，而是有两个或两个以上的故障现象，如启动过程中显示器无显示但主机又在启动、同时启动完后又死机的现象等。这时应该先判断、解决主要的故障现象，当主要故障修复后再解决次要故障现象。有的时候次要故障会在主要的故障修复后自动消失。

7.3.4 硬件故障诊断方法与排除原则

在电脑出现硬件故障后，首先应该排除"假故障"现象，比如说电脑接头松动、数据线掉落等。排除这些因素后，再结合实际情况去排除电脑硬件故障。

1. 听音法

大家在使用电脑时可能会经常遇到，原本工作正常的电脑，突然出现主机不能正常启动或显示器黑屏的故障。

对于这种故障就可通过辨别主机启动时喇叭的报警声来辨别故障的根源，以便有的放矢做针对性的处理。目前，BIOS 芯片主要有 Award BIOS 和 AMI BIOS，二者的报警声所代表的含义也不相同。

当然，听音法不只是用在辨别主机启动时喇叭的报警声上，对于主机内（如风扇、硬盘等）的异响，也可以用听音法来辨别。

2. 观察法

肉眼观察也是解决硬件故障的常用办法。例如检查一下各种外设及线缆的连接是否正常，打开机箱后盖仔细观察一下主机内是否灰尘过多，各板卡、风扇、数据线、电源线是否安装到位，各主要部件是否有明显的烧焦、变形、脱落等现象，有没有短路、接触不良等现象，元器件是否有生锈和损坏的明显痕迹。有的新手在电源线没插上或交流电源开关没打开时，愣说无法开机，吓出一身冷汗。

3. 最小系统法

如果不能确定是哪个硬件出现了问题，可以使用最小系统法来判断。最小系统法就是去掉系统中的其他硬件设备，只保留主板、内存、显卡三个最基本的部件，然后开机观察是否还有故障。如果有，则可排除其他硬件的问题，故障应来自现有的三个硬件中。如果没有，则将其他硬件——添加，查看在添加哪个硬件后出现故障，发现故障所在后，再针对这个硬件进行处理即可。

4. 拔插法

检查电源线、各板卡间是否有松动或接触不良的现象，可以把怀疑的板卡拆下，用橡皮擦将"金手指"擦干净再重新插好，以保证接触良好。还可以利用手指轻轻敲击可能产生故障的部件，比如有的硬盘的磁头有时无法归位，轻轻用手指头敲击硬盘可把硬盘从"沉睡"中唤醒过来。

5. 替换法

可尝试使用相同功能的板卡替换故障机的部件。如声卡不发声，可找一块能正常使用的声卡来判断是主板的扩展槽问题还是声卡的问题等。

6. 升温降温法

利用手指的灵敏感觉触摸有关发热部件，是否有过热现象，可人为地利用电吹风对可能出现故障的部件进行升温试验，促使故障提前出现，从而找出故障的原因；或利用酒精对可疑部件进行人为降温试验，如故障消失了，则证明此部件热稳定性差，应予以更换。此方法适用于电脑运行时而正常时而不正常的故障的检修。

7. 磁盘扫描法

磁盘扫描法对诊断和解决电脑故障大有益处，它是诊断和解决硬盘逻辑坏道最常用的手段，它不仅可检查硬盘的逻辑和物理错误，而且可以修复已损坏的区域。如果在运行、读取、拷贝数据或程序时，电脑经常出错，那么可以使用磁盘扫描程序查错。

（1）单击Windows左下侧的开始菜单按钮，在弹出菜单中选择字母"W"，然后展开其下的"Windows系统"。

（2）单击"命令提示符"，打开"命令提示符"窗口。在命令提示符后键入CHKDSK C:/V（键入所要扫描的盘符时，须使用冒号分割，如C：或D：），这时"命令提示符"窗口状态如图7-22所示。

图7-22

（3）按"Enter"键，这时CHKDSK开始对C盘进行磁盘扫描。

8. 资源调整法

最常见的PC资源冲突有IRQ、DMA和I/O冲突三类。如电脑的设备间发生I/O地址冲突，"设备管理器"中的该设备将出现黄色的"！"标示，且冲突设备可能就无法正常使用。解决的办法如下：

（1）将发生冲突的板卡，如PCI声卡/网卡换一个插槽试试。

（2）如没能正常解决，这时候可以通过启用安全模式进入系统，然后使用鼠标右键单击"此电脑"图标，在打开的菜单中选择"属性"命令。

（3）在打开的"系统"对话框中单击"设备管理器"，如图 7-23 所示。

（4）在打开的如图 7-24 所示的"设备管理器"窗口中查看标有黄色"！"的设备并删除，重新启动电脑后为其安装驱动。

图 7-23

9. 驱动升级法

很多读者对驱动程序重视不够，认为随便装一个就可以了。但是，在购买硬件时已经有了驱动程序，为什么硬件厂商还要不停地发布新版本的驱动程序呢？其实，这样做的目的就是为了让厂商自己的产品更加完善。由于现在的硬件更新速度很快，而且大多数硬件厂商的硬件研发先于软件研发，因此与硬件配套的驱动程序在刚发布时可能会存在一些小 Bug，需要通过不断更新驱动程序来弥补这些缺陷。因此，升级驱动程序也是解决硬件故障的一项有效方法。

图 7-24

10. DirectX 诊断法

DirectX 具备一系列的诊断工具，可为了解电脑的各部件是否正常起到很重要的作用。

（1）使用鼠标右键单击"开始"菜单按钮，在打开的菜单中单击"运行"，再在打开的"运行"对话框中输入 dxdiag 后按 Enter 键。

（2）在打开的如图 7-25 所示的"DirectX 诊断工具"窗口中提供了 DirectX 的各种信息与程序应用，其中在"系统"标签选项卡里可看到 DirectX 的版本号，在"DirectX 文件"标签选项卡里可查

图 7-25

阅 DirectX 文件是否正常，而在"显示""声音""输入"标签选项卡里可对显卡/声卡等设备进行基本测试，以便了解其是否正常。

11. 程序卸载法

电脑买回来后，软件可以装，但许多故障也由此而来，如程序错误、死机等。如果将安装的软件直接从硬盘上删除，会造成该软件的一些动态链接库文件丢失，造成系统

出错的概率增加。解决的办法是：

（1）当安装某软件后，如果系统变得不稳定，可直接选该软件的卸载程序将其卸掉看看是否恢复正常，特别是在安装了一些试用版、测试版软件时更应该多注意这方面。

（2）如果安装的软件没有自带卸载程序，可以按照如下方法处理：

①在"控制面板"窗口中单击"卸载程序"，在打开的如图7-26所示的"程序和功能"窗口中的"卸载或更改程序"标签选项卡中选择对应的程序选项，然后使用鼠标右键单击它，在弹出菜单中选择"卸载/更改"按钮。

②在打开的如图7-27所示的对话框中单击"卸载"按钮将其卸载。

图 7-26

图 7-27

12. 软件诊断法

现在的系统监测软件、故障诊断软件挺多的，用这类软件来诊断电脑故障也能起到一定的效果。如果硬盘有问题，可用硬盘监测工具 SIGuardian 来试试。

加油站：SIGuardian 可以检查并监视硬盘以防止数据丢失。它利用了现代硬盘的 S. M. A. R. T. 技术，可预估硬盘寿命，计算硬盘到达极限状况（T. E. C.）的时间，以便于提前备份。其还可将所有 S. M. A. R. T. 状态用图表或数字表示，它是电脑用户保护硬盘诊断硬盘故障的一款较好工具。

下面举几个例子，说明硬件故障的一般分析方法。

（1）电源正常，屏幕上无任何信息，喇叭没有任何声音。

出现这种状况一般不是控制卡电源的问题，因为如果电源出现问题，比如短路，则风扇将不能正常转动。这可能是由主板或者内存控制卡局部短路造成的。这时，应该关闭电源，打开机箱，利用拔插法，将一些功能卡拔掉；然后开机，看电脑是否正常工作，如果正常，则说明这块插件没问题；继续利用这种方法试试其他的控制卡，如果检查到哪个卡出现问题，就根据具体情况对其进行处理。

（2）电脑没有任何反应。

这时应该首先检查电源是否工作，或者电源风扇是否转动，根据具体情况进行修理，然后再考虑其他问题。

（3）开机后，显示屏上只有光标，但是无法通过自检。

此时，首先关闭机器，打开机箱，把主板上的其他扩充卡拔掉，只剩下显示卡，然后重新启动电脑，如果仍然无法出现自检程序，则说明主板问题，因为自检程序的显示都保留在主板的 ROM BIOS 里面。

（4）开机时有声音，但是屏幕上无任何信息。

这种情况的故障可能出现在内存和显示上，因为在电脑的自检过程中，首先检查的内存是前 64KB 的内存，如果有问题，就出现声音报警，这时候显示卡还没有安初始化和被检查；如果内存没问题，而显示卡有问题，也会有报警声音的。既然有声音，说明主板没有问题，而是内存或显示卡的问题。这样问题不就出来了吗？所以说如果出现类似的情况先不要忙着找人来修，只要冷静下来自己慢慢地找，问题总会解决的。

（5）显示卡的问题。

采用前面介绍的交换法，用一块大致相同的显卡替换原来的，如果问题不存在了，证明原来的显示卡有问题；否则，再进行其他硬件的检查。

（6）主板有问题。

这类问题也可以用替换法，首先检查一下内存条，因为可能是内存条的类型不被主板支持或者内存的主频和主板不相匹配，比如有很多主板都不支持 EDO 内存。如果内存没问题了，再检测主板的问题。

（7）内存的判断错误。

如果前 64KB 内存出错，系统将无法正常启动；如果后 64KB 内存有错误（这里说有是没有其他故障时），那么屏幕上将出现错误信息。首先检查内存是否插好，前 64KB 内存出错的情况，一般可通过更换内存条的办法来判断，更换后，如果能够正常通过自检，显示信息，则说明原来在 BANK0 位置上的内存有问题，解决办法是更换内存条；如果更换后还是出现错误信息，那么可以将电脑原来的内存拿到别的电脑上测试，如果原来的内存在别人的电脑上可以正常运行，那么说明是内存和主板之间不兼容，或是主板的跳线设置，或者主板/CPU 有问题，可以通过更换 CPU 等方法，进一步确定故障的原因。反之，如果原来的内存不能在别人电脑上正常应用，那只能更换内存了。

当然，在应用上面的分析方法时，首先要确认一下，各硬件设备的安装是否正确，然后再根据情况进行分析，免得浪费了时间和精力。

7.3.5 软件故障排除方法与原则

电脑软件故障的诊断与排除较为复杂和困难。当电脑出现故障的时候，首先要判断出电脑故障是属于硬故障还是软故障，切不可将软故障误认为硬故障，或者反之。

当确认故障属于软故障后，应从多方面去分析故障的原因。因为软故障可能是由于操作系统出错造成的，也可能是应用软件造成的，也可能是操作人员误操作造成的，或者是用户对系统和软件的一些不正常的设置造成的等，应采用相应的方法进行分析。

1. 系统故障

如果是系统故障，则应该着重检查下面的内容：

（1）系统文件是否正常。

（2）所用的 DOS 或者 Windows 操作系统的版本是不是兼容。

（3）多种操作系统之间是否兼容。

（4）系统的 CONFIG.SYS 文件或者 Windows 的注册文件是否正确。

（5）电脑的内存是否出错。

2. 程序故障

如果认定是程序故障，需要检查下面的内容：

（1）程序的运行环境是不是适合。

（2）程序的安装方法是不是正确。

（3）程序本身是否完整。

（4）程序本身是否有 BUG。

（5）程序的操作方法是否正确。

（6）程序是否和其他软件发生冲突。

3. 病毒

当前，电脑病毒十分猖獗，而且更具有破坏性、潜伏性。电脑染上病毒，不但会影响电脑的正常运行，使机器速度变慢，严重的时候还会造成整个电脑的彻底崩溃。下面介绍几个电脑病毒引起的异常状况：

（1）前后两次运行程序时，前一次能正常运行，后一次就不能了。

（2）硬盘不能启动。

（3）键盘无响应。

（4）鼠标失灵。

（5）打印机不能打印。

（6）在操作时莫名其妙地出现蓝屏。

（7）电脑在正常运行时突然重新启动。

（8）机器里出现一些莫名其妙的文件或程序。

电脑病毒多种多样，需要在实际中不断认识，同时应该注意做好防范，尤其是在连接到网络的时候。因为病毒传播的一个主要途径就是网络。

7.3.6　拆装电脑时要注意些什么

1. 仔细阅读各零件说明书

拆装电脑时，最好将各零件的说明书先拿出来阅读一番，检查零件是否短缺，看明白拆装电脑时的注意事项以及拆装步骤再进行拆装比较保险。电脑一旦通电，如果主机内部线路、零件有接错的情形，很容易会造成硬件上的损害。所以拆装前先看说明书是很有必要的。

2. 安全第一

（1）切忌带电操作。在对电脑硬件进行检修前，一定要先将与电脑相连接的电源线拔掉。

（2）记得去除静电。在对电脑硬件进行检修前，最好将身体所带静电放掉。如将手放在打开的自来水龙头下冲洗，就能将静电清除。

3. 在良好的环境下检修

（1）远离电磁设备。较强的磁场可能会磁化显示器，使硬盘上的数据丢失等。

（2）保持环境洁净、明亮。洁净的操作环境可以避免将拆卸下来的硬件弄脏；明亮的环境能清楚地看到那些细小的电子元件，便于操作。

4. 分类摆放电脑部件

要养成良好的习惯，将电脑部件分门别类地摆放。如可以找几个空的小盒子，将拆卸下来的螺丝按大小的不同，分别放在不同的盒子里。

5. 胆大，更要心细

不要有畏惧的心理，只要方法得当，故障就不难被排除掉。但同时还得注意，电脑机箱里面的元件，尤其是主板上的各个部件，都是易碎器件，在拆卸和安装时要轻拿轻放，格外小心才是。

6. 注意不要被划伤

许多品质低劣的机箱边缘都非常锐利，所以拆装接口卡和机箱时一定要小心。

7.4 电脑常见故障分析及排除

7.4.1 显示器瞬间黑屏

故障现象：某电脑经常会出现显示器黑屏一下然后又亮了，该过程大概持续 1 ~ 2 秒，除此之外，其他都很正常。

故障分析及排除：

（1）显示器视频线问题。更换一根质量好的视频线试试。如果显示器支持 HDMI，不妨使用 HDMI 线测试一下。

（2）显卡驱动的问题。尝试更新一下显卡驱动试试，或者卸载显卡驱动，并重新安装显卡驱动程序。

（3）视频转接头的问题。如果显示器的视频线是通过视频转接头连接到显卡接口的，不排除是视频转接头的问题。如果上述两种方法都不能解决问题，那就试试更换视频转接头。

7.4.2 Windows 10 任务栏音频小喇叭提示"未插入扬声器或耳机"

故障现象：Windows 10 任务栏音频小喇叭出现红色叉叉（X），并提示"未插入扬声器或耳机"。

故障排除：

（1）使用鼠标右键单击"音频小喇叭"的图标，在弹出菜单中选择"声音"命令，如图 7-28 所示。

（2）在打开的如图 7-29 所示的"声音"对话框中单击切换到"播放"选项卡，查看扬声器 Realtek High Definition Audio 是否显示未插入。

（3）单击切换到"录制"选项卡中，在麦克风显示处查

图 7-28

看是否显示"未插入"，线路输入处是否也显示"未插入"，如图 7-30 所示。

图 7-29

图 7-30

（4）打开"控制面板"，查看方式修改为"大图标"，找到"Realtek 高清晰音频管理器"或者"高清晰音频管理器"并单击，如图 7-31 所示。

（5）在打开的对话框中单击"插孔设置"图标，如图 7-32 所示。

图 7-31

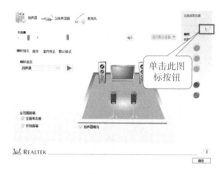
图 7-32

（6）在打开如图 7-33 所示的"插孔设置"对话框中勾选"当插入设备时，开启自动弹出对话框"，然后单击"确定"按钮即可。

图 7-33

7.4.3　Windows 10 插入移动硬盘或 U 盘有提示声但电脑中不显示盘符

故障现象：在安装 Windows 10 操作系统的电脑中插入移动硬盘或 U 盘时有提示声，但是在电脑中却不显其盘符，当连接到其他电脑时却可以正常用，这就说明 U 盘肯定没有问题，那么这个问题该如何解决呢？

故障排除：

（1）首先使用鼠标右键单击"此电脑"，在打开的菜单中选择"管理"命令。

（2）在打开的"计算机管理"界面中，单击"设备管理器"，并展开"通用串行总线控制器"，找到 USB Root Hub，如图 7-34 所示。

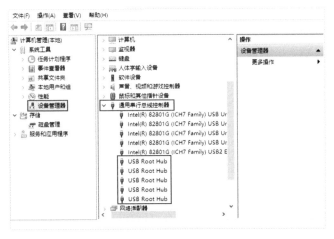

图 7-34

（3）假如"USB Root Hub"设备会有一个往下的箭头图标，那么就使用鼠标右键单击，在弹出的对话框中选择"启用设备"即可，如图 7-35 所示。

图 7-35

（4）假如"USB Root Hub"设备没有一个往下的箭头图标，那么选中它并使用鼠标右键单击，选择"卸载设备"即可，如图 7-36 所示。

图 7-36

7.4.4　CPU 散热风扇噪声大

故障现象 1：某电脑 CPU 散热风扇在近期使用中突然出现特别嘈杂的噪声，比机箱电源声音还大。

故障分析及排除：原因是风扇表面以及散热器缝隙聚集了太多的灰尘，或者是风扇的电机润滑油已干，造成了马达般的轰鸣声。把风扇和散热器分离，散热器直接用自来水清洗即可。散热风扇先用软纸擦拭，缝隙之处可用小棉签擦。打开风扇背面的塑料贴纸，用普通缝纫机油滴入机芯 1 ~ 2 滴即可，也可以用玩具四驱车的膏状润滑脂，用量不宜过多。

故障现象 2：某电脑的 CPU 散热风扇以前使用正常。可近一段时间突然发现，风扇自动移动了位置。

故障分析及排除：经查，原来固定散热器的扣具失效，由于风扇转动引起的共振现象，导致风扇位移。重新换上新的扣具并扣好。

故障现象 3：风扇转动时，时而听见“嗒嗒”碰撞声。

故障分析及排除：打开机箱查看，原来机箱里密布杂乱的数据线和电源线，有时线头碰到了风扇的扇叶，导致风扇转动时发出了异响。用橡皮筋、胶带纸等将机箱内散乱的数据线电源线捆扎好，不从 CPU 散热风扇上方经过。

故障现象 4：某电脑新安装 CPU 散热风扇，用了不到一星期就出现噪声过大和转动不畅等现象，或者是风扇的转速刚开机时比较慢，且噪声较大，过一段时间就恢复正常了。

故障分析及排除：起初以为是风扇电机问题，更换同样的风扇后使用一段时间仍出现上述现象。经分析是散热风扇所处的室内温度偏低，造成转动轴承上的润滑油失效。给风扇注入防冻润滑油，并且注意室内环境的温度。

7.4.5 系统时钟经常变慢

故障现象：某电脑使用较长时间后，出现系统时间变慢现象，多次校准，但过不久便会慢很多。

故障分析及排除：出现时钟变慢的情况，大多数是主板电池电量不足造成的。如果更换电池后问题没有解决，就要检查主板的时钟电路了。控制电脑系统时钟的电路一般在电池附件，很像电子表中的石英电路。用无水酒精谨慎清洁电路，若故障仍存在，需要联系经销商或者生产厂家进行修理。

7.4.6 电脑需连续两次开机才能正常运行操作系统

故障现象：某电脑使用 10 个月后，启动时出现故障，每次开机必须要人工连续启动两次才能正常运行操作系统。

故障分析及排除：首次开机后，屏幕能显示 Windows 开机画面，开机画面消失一段时间后，计算机就报告出现致命错误，但再次热启动电脑系统可以正常运行。通常，报告有致命错误发生的原因很可能是操作系统运行不正常，但第二次启动后系统能正常运行操作系统，说明硬盘本身并没有硬件故障，可能的一种原因是硬盘的工作效率下降，致使在第一次启动计算机时搜寻相关文件出错，而硬盘工作效率下降的一个重要因素是文件碎片太多。运行磁盘碎片整理程序对硬盘进行整理。当硬盘全部整理完毕后，重新启动电脑，一次启动成功，问题得以圆满解决。

7.4.7 电脑更换新硬盘后出现黑屏故障

故障现象：某电脑原先使用正常，为其更换了一块新硬盘，在系统加电后就一直黑屏。

故障分析及排除：开机就出现黑屏，说明显示器没有信号输入，系统根本没有自检，而以前计算机工作正常，出现这种毛病的最大原因就是硬盘数据线接反了。打开机箱，拔出硬盘数据线，仔细观察数据线的顺序标志，一般在接头的地方第一针标有"1"字样，其对应的信号线为红色。确保再次连接时硬盘数据线接入方向正确无误。另外，质量很好的数据线在插入方向搞反时，一般无法或者很难插入硬盘接口。如果反方向也能轻松插入，说明数据线有质量问题，最好加以更换。

7.4.8 内存插槽积尘导致内存无法正常工作

故障现象：某电脑突然无法正常启动，开机时喇叭发出一长三短的报警声。

故障分析及排除：根据故障现象可确定问题出在内存身上。拆机检查发现内存条并无烧毁的迹象，拿到别的机器上也可以正常使用。对主板进行清理后插上内存条，上述故障消失，最终确认导致内存条无法正常工作的原因为内存槽积尘过多。电脑是一个相当精密的机器，甚至是小小的灰尘都有可能导致它无法正常工作，所以在使用电脑过程中应该注意保持周围环境的清洁，平时也要做好电脑部件的清洁工作。

7.4.9 显示器经常出现水波纹和花屏

故障现象：某电脑的显示器的液晶屏经常出现水波纹和花屏。

故障分析及排除：首先要做的事情就是仔细检查一下电脑周边是否存在电磁干扰源，然后更换一块显卡；或将显示器接到另一台电脑上，确认显卡本身没有问题，再调整一下刷新频率。如果排除以上原因，很可能就是该液晶显示器的质量问题了，比如存在热稳定性不好的问题。出现水波纹是液晶显示器比较常见的质量问题，自己无法解决，建议尽快更换或送修。

有些液晶显示器在启动时会出现花屏问题，给人的感觉就好像有高频电磁干扰一样，屏幕上的字迹非常模糊且呈锯齿状。这种现象一般是由于显卡上没有数字接口，而通过内部的数字／模拟转换电路与显卡的 VGA 接口相连接。这种连接形式虽然解决了信号匹配的问题，但它又带来了容易受到干扰而出现失真的问题。究其原因，主要是因为液晶显示器本身的时钟频率很难与输入模拟信号的时钟频率保持百分之百的同步，特别是在模拟同步信号频率不断变化的时候，如果此时液晶显示器的同步电路，或者是与显卡同步信号连接的传输线路出现了短路、接触不良等问题，而不能及时调整跟进以保持必要的同步关系的话，就会出现花屏问题。

7.4.10 鼠标按键失灵

故障现象：某电脑的鼠标按键失灵，按任何键都没有反应。

故障分析及排除：导致鼠标按键失灵的原因可能有：

（1）时间久了，内部滚轮因积灰尘太多而导致滚动失灵。

（2）由于发光管或光敏三极管的敏感度下降等原因，造成感光不敏感。

（3）按键弹簧失灵。

鉴于以上3种情况，维修方法如下：

（1）打开鼠标下部的滚珠盖，取出滚珠，用镊子等钝器轻轻刮除滚轮上的灰尘。

（2）用螺丝刀打开鼠标盒子，可见两组器件，一组专门负责管理横坐标，另一组负责管理纵坐标。用药棉等柔软物沾酒精擦洗齿轮两边的发光管和光敏三极管，并适当调整两管之间的距离，以增强感光敏感度。

（3）更换新鼠标。

7.4.11 针式打印机经常卡纸

故障现象：某针式打印机经常出现卡纸现象。

故障分析及排除：除非打印机的纸张传送机械出了问题，光滑整齐的打印纸，放入打印机是绝对不会出现卡纸现象的。打印之前，不要放太多纸张在打印机中，而且用调节器固定纸张宽度，就能减少卡纸的概率。一旦遇上卡纸，立即关闭打印机，打开前面板，缓慢取出打印纸，千万不要带电强行拉扯。

7.4.12　针式打印机打印字符不清晰

故障现象：针式打印机打印字符不清晰，色带不转动。

故障分析及排除：色带不转动，检查色带驱动齿轮组发现齿轮组齿轮有问题。拆下齿轮组对其进行清理，将其中两个完全相同的齿轮进行交换使用，即可排除此故障。

7.4.13　针式打印机打印出的字符缺点少横

故障现象：针式打印机打印出的字符缺点少横，并且机壳导电。

故障分析及排除：这是由于打印机打印头扁平数据线磨损造成的。打印机打印头扁平数据线磨损较小时，可能打印出的字符缺点少横，会误以为打印头断针。当磨损较多时，就会在磨损部分遇到机壳时"吱、吱"导电。引起该故障的原因，一般是色带框破旧，卡不牢下陷，或卡打印头扁平数据线的卡子丢失，扁平数据线浮高起来了，二者相摩擦，日久磨损越来越多。解决办法很简单，更换扁平数据线即可。

7.4.14　打印很多页后，打印头停在某个位置不动

故障现象：针式打印机打印很多页后，打印头停在某个位置不动。

故障分析及排除：很可能是打印头过热造成的。针式打印机打印时打印头的温度较高。打印头上的热敏电阻监控打印头的温度，当温度达到限制值时，控制电路会使打印机暂停下来散热，温度下降后又会继续工作。不要让打印机工作在过高的温度环境中，打印机在使用中要保证良好的通风。当打印的文件较大或者打印内容较复杂造成打印针出针频率增加时，应尽量使用较低的打印分辨率，减慢打印头温度升高的速度。

7.4.15　激光打印机打印纸刚进入机内就卡纸

故障现象：某激光打印机，在印纸刚进入机内时就卡纸。

故障分析及排除：这一般是由搓纸轮磨损打滑使打印纸送不到位引起的。如果磨损不严重，清洗后可排除故障；可能使用一段时间后，又会出现故障，最好更换新的搓纸轮以彻底解决此问题。

7.4.16　激光打印机的打印纸卡在定影器内

故障现象：某激光打印机在打印时，打印纸卡在了定影器内部。

故障分析及排除：这是比较常见的卡纸，也是较难处理的卡纸。这种卡纸多数是由于使用不合乎要求的纸张引起的，如纸张太薄、卷曲、太湿等；此外，由于定影器内有异物堵塞和拆解定影器时定影器压紧盖板的螺丝旋得太紧或太松等都会引起此故障的发生。

（1）在一般情况下，当发现定影器卡纸时，应立即停机，打开前盖板，取出粉盒，

如果纸张有一部分尚未卷进定影器或前端有部分纸张已输出定影器，则可松开面板左面的齿轮手柄，使定影器的齿轮与其他齿轮分离，然后用力均匀地拉着露在外面的张纸，将其缓慢拉出。

> **提示：** 一定要先分离定影器与其他的传动齿轮后再拉纸，拉纸时用力要均匀。否则，就容易将纸张拉断，给故障排除带来困难。

（2）若是整张纸全部卷入定影器中（包卷于定影热辊表面或为手风琴状堵塞于热辊中），不能用利器来刮夹，以免损坏定影热辊。只能将机盖拆开，而后将纸取出。具体方法如下：

①先打开前盖盒，并将其取下（只需将左端插点按进一点即可），取出粉盒，松开盖板的三个螺丝，用小平口螺丝刀轻轻撬开机背上部两个向端孔内的暗卡，取下机背盖板。

②拆下机子顶部的两个机壳固定螺丝，向上提出机壳（机壳底部在右两侧靠前单位也有两个暗卡，将机壳固定于底座上，提出机壳时应先拉出这两个暗卡）。

③取下机子右边定影器护罩上边的挡片，松开定影器护罩上的两个螺丝（这两个螺丝在护罩边上，用于将定影器热辊护罩固定在底板上），取下护罩，即可取出卡在里面的打印纸。

④若纸夹在定影器热辊中，则可再松开定影器上加热器的金属压板的固定螺丝，轻轻向上提起加热辊，取出卡在定影器内部的打印纸。

⑤如要清洁定影器，则全部松开金属压板的螺丝，将金属压板取下，而后将定影器上的脏物清除干净。

⑥按原样将机子复原。

> **提示：** 在安装金属压板螺丝时要注意，不可将其上得太紧或太松，以免造成日后工作时走纸不畅，容易卡纸。

7.4.17　激光打印机经常进纸多页或夹纸

故障现象：某激光打印机，在打印过程中经常发生进多页纸或夹纸现象，使打印机工作不正常。

故障分析及排除：

（1）导纸板调得不当。应将纸从进纸盒或单张纸输入槽中取出，把纸对齐，之后重新插入。若系单张纸再重新插入槽中。滑动导纸板，使其挨着进纸盒中纸的两边或单张纸输入槽中纸的边缘，使纸放在中间。导纸板调整应适中，不可过紧或过松。

（2）在单张纸输入槽中添加了多张纸。一次只能在单张纸输入槽中加一张纸。若打印一张以上的同类介质，应使用进纸盒。

（3）进纸盒装得过满。进纸盒能容纳75g重的纸100张，纸张越重装得越少，或最多容纳10个信封，在高湿地区最多为10个。若进纸盒装得过满，应适量取出些纸张。

（4）纸张切割质量差并粘在一起。将纸张卷曲成一个颠倒的 U 形，使纸张分开，可减少一次送出多张纸的情况，亦可把纸张转过来，使其另一端先送入打印机。

（5）纸张超出了纸盒或前输出槽的容纳能力。不能在出纸盒中存放超过 100 张的 75g 重的纸。前输出槽的前面不允许堆放多张透明胶片或多张其他介质的纸。

（6）纸张不能满足该激光打印机对打印介质的技术要求。应尽量使用符合要求的纸张，不可使用太薄、太厚、不平整、纸粉过多的劣质纸以及纸张受潮后粘结在一起的废纸。

7.4.18 激光打印机打印出白纸

故障现象：用某激光打印机打印文稿时，发现无法将字打印在打印纸张上面，出来的是空白纸。

故障分析及排除：此类故障应重点检查电晕丝是否开路，电晕丝的高压是否偏低或为 0V。对于电晕丝开路故障，拆机可直观检查到，而对于高压不正常故障，只要测量电晕丝端子上的高电压是否正常即可进行判定。

7.4.19 打印品出现横条

故障现象：某激光打印机，打印出的纸张上出现横条。

故障分析及排除：

打印品出现横条，可能为以下原因。

（1）显影器周围沾有载体粉尘以及墨粉被感光鼓吸附或洒落在纸上所致。

（2）显影器中搅拌装置运转不良或墨粉受潮结块所致。

（3）反光镜或镜头污染。

清洁打印机后，故障即可排除。

7.4.20 激光打印机打印图像脏

故障现象：某激光打印机，有规则地出现打印图像污染，常出现在打印品某一部位，与打印机的部件污染损坏对应。

故障分析及排除：

打印图像脏，可能为以下原因。

（1）感光鼓表面污染或划伤。

（2）显影部分：显影辊上沾有固化墨粉块，造成该处吸附能力加强。

（3）其他部分：感光鼓清扫装置损坏，尤其是清扫刮板位置不平衡或有缺口。

（4）转印电极或充电电极左右不均匀，造成左右深浅不均的带状污染。

（5）加热辊表面橡胶老化脱落或有划伤；定影辊的清扫刷缺损，导致加热辊局部沾上污物。

（6）定影器的热敏电阻开关和热敏电阻传感器的表面吸附灰尘结块，致使摩擦增大，测量温度不准确，损坏上加热辊和热敏电阻传感器。

（7）搓纸轮被墨粉污染而造成打印图像脏。

针对上述原因进行相应的处理即可排除故障。

7.4.21 激光打印机打印的纸样左边或右边变黑

故障现象：某激光打印机，打印出来的纸样左边或右边出现变黑现象。

故障分析及排除：

（1）激光束扫描到正常范围以外。应适当调整多面转镜，使激光束扫描至硒鼓的正常范围。

（2）硒鼓上方的反射镜位置改变。将反射镜调至正确位置。

（3）墨粉盒失效或盒内已无墨粉。重新装墨粉或更换新的墨粉盒。

（4）墨粉盒内的墨粉集中在盒内的某一边。取下墨粉盒，轻轻摇动，使盒内的墨粉均匀。

视其具体情况，经上述处理，打印纸样左边或右边变黑的故障即可排除。

7.4.22 激光打印机输出纸张整体发黑

故障现象：某激光打印机，更换了一个兼容硒鼓后，打印出来的纸张整体发黑，白纸几乎变成了灰纸。

故障分析及排除：如果打印纸整体发黑，则说明激光打印机的激光扫描和显影系统出现了问题，新换的硒鼓很可能是通过手工灌粉或者经过维修的产品。更换一个原装硒鼓后，故障消失。

7.4.23 激光打印机打印 A3 文件时总打印半页

故障现象：某激光打印机，在打印 A3 页面的文件，同时使用 A3 纸张时，打印出的文件总是只有一半大小，另一半为空白。

故障分析及排除：经检查，发现打印机液晶屏里的纸张类型设置错误，两个纸盒都设置为 A4 纸，没有设置 A3 纸张。更改设置，打印恢复正常。

7.4.24 喷墨打印机打印时墨迹稀少，字迹无法辨认

故障现象：某喷墨打印机，在打印时出现打印品墨迹稀少、字迹无法辨认的现象。

故障分析及排除：该故障多数是由于打印机长期未用或其他原因，造成墨水输送系统障碍或喷头堵塞。如果喷头堵塞得不是很厉害，那么直接执行打印机上的清洗操作即可。如果多次清洗后仍没有效果，则可以拿下墨盒（对于墨盒喷嘴非一体的打印机，需要拿下喷嘴，但需要仔细），把喷嘴放在温水中浸泡一会儿（注意，一定不要把电路板部分也浸入水中，否则后果不堪设想），用吸水纸吸走沾有的水滴，装上后再清洗几次喷嘴就可以了。

7.4.25 喷墨打印机更换新墨盒后，开机时面板上的"墨尽"灯亮

故障现象：某喷墨打印机墨水使用完毕，为其更换新墨盒后，打印机面板上的"墨尽"灯长亮而不灭。

故障分析及排除：正常情况下，当墨水已用完时"墨尽"灯才会亮。更换新墨盒后，打印机面板上的"墨尽"灯还亮，发生这种故障，一是有可能墨盒未装好，二是有可能在关机状态下自行拿下旧墨盒，更换了新的墨盒。因为重新更换墨盒后，打印机将对墨水输送系统进行充墨，而这一过程在关机状态下将无法进行，使得打印机无法检测到重新安装上的墨盒。另外，有些打印机对墨水容量的计量是使用打印机内部的电子计数器来进行计数的（特别是在对彩色墨水使用量的统计上），当该计数器达到一定值时，打印机判断墨水用尽。而在墨盒更换过程中，打印机将对其内部的电子计数器进行复位，从而确认安装了新的墨盒。打开电源，将打印头移动到墨盒更换位置。将墨盒安装好后，让打印机进行充墨，充墨过程结束后，故障排除。

7.4.26 喷墨打印机不进纸

故障现象：某喷墨打印机，突然出现了不能进纸的情况。纸张已经放好，但执行打印任务时，纸张不能正常进入打印机内部，过了一会儿系统就报告打印错误，不能正常打印。打开打印机机盖查看，没有发现有被卡的纸张。

故障分析及排除：这可能是进纸部分的机械出现了问题。关闭电源，打开机盖仔细检查，发现进纸槽的底部有一个别针卡住了进纸辊。取出别针，再次检查确认无其他异物后，安装好打印机并进行打印操作，故障排除。

> **提示：** 一些喷墨和激光打印机的进纸槽都是开口向上的，而且比较宽大，如果不注意，很容易落入细小的异物。这些异物很容易导致打印机机械故障，轻则导致不能进纸，不能正常打印，重则损坏内部机械部件。

7.4.27 喷墨打印机无故打出细黑线

故障现象：使用喷墨打印机打印文档时，经常在文字的下面打出细黑线，而且黑线的长短不一。

故障分析及排除：这可能是喷墨打印机的喷嘴或者控制芯片出现了问题，导致墨滴的控制出现错误。经过检查，发现该打印机的喷嘴和控制芯片与墨盒是一体的，更换一个新的墨盒，打印文档进行检查，故障消失。

7.4.28 行走小车错位碰头

故障现象：某喷墨打印机在打印时，行走小车错位碰头而无法打印。

　　故障分析及排除：喷墨打印机行走小车的轨道是由两只粉末合金铜套与一根圆钢轴的精密结合来滑动完成的。虽然行走小车上设计安装有一片含油毡垫以补充轴上润滑油，但因我们生活的环境中到处都有灰尘，时间一久，会因空气的氧化，灰尘的破坏使轴表面的润滑油老化而失效，这时如果继续使用打印机，就会因轴与铜套的摩擦力增大而造成小车行走错位，直至碰撞车头造成无法使用。一旦出现此故障应立即关闭打印机电源，用手将未回位的小车推回停车位。找一小块海绵或毡，放在缝纫机油里浸饱，用镊子夹住在主轴上来回擦。最好是将主轴拆下来，洗净后上油，这样的效果最好。

　　还有一种可能，小车碰头是因为器件损坏所致。打印机小车停车位的上方有一只光电传感器，它是向打印机主板提供打印小车复位信号的重要元件。此元件如果因灰尘太大或损坏，打印机的小车会因找不到回位信号碰到车头，而导致无法使用，一般出此故障时需要更换元件。

7.4.29　喷墨打印机打印偏色

　　故障现象：有时候，在 Windows 操作系统中，会出现彩色喷墨打印机打印出来的颜色与屏幕显示的颜色不太一致的问题。

　　故障分析及排除：

　　（1）打印软件参数设置不当。请进入打印机控制软件，根据说明书对各项参数进行调整，直到偏色现象消除。

　　（2）打印机驱动程序版本太低。下载打印机的最新驱动程序进行更新。